Biologie und Landwirtschafts-wissenschaften

WI

WISSENSCHAFTLICHE TASCHENBÜCHER

ALFRED PALISSA

BODEN-ZOOLOGIE

AKADEMIE-VERLAG · BERLIN

THEORIA CUM PRAXI

WTB

BAND 17

Alfred Palissa

Bodenzoologie

in Wissenschaft, Naturhaushalt und Wirtschaft

Mit 38 Abbildungen und 18 Tabellen

AKADEMIE-VERLAG · BERLIN

1964

Reihe BIOLOGIE
UND LANDWIRTSCHAFTSWISSENSCHAFTEN

Herausgeber:

Prof. Dr. H. Borriss, Greifswald
Prof. Dr. E. Hofmann, Magdeburg
Prof. Dr. J. O. Hüsing, Halle/Saale
Prof. Dr. M. Klinkowski, Aschersleben
Prof. Dr. J. Reinhold, Großbeeren
Prof. Dr. O. Rosenkranz, Böhlitz-Ehrenberg/Leipzig
Prof. Dr. R. Schick, Groß-Lüsewitz
Prof. Dr. K. Schmalfuß, Halle/Saale
Prof. Dr. W. Schwartz, Greifswald
Prof. Dr. E. Wiesner, Berlin

Verantwortlicher Herausgeber dieses Bandes

Prof. Dr. J. O. Hüsing

Verfasser

Doz. Dr. Alfred Palissa, Berlin

Institut für Zoologie
der Landwirtschaftlich-Gärtnerischen Fakultät der Humboldt-Universität

Die Herstellung bzw. Umzeichnung der Abbildungen besorgte die wissenschaftliche Graphikerin, Frau G. Flächsig

Erschienen im Akademie-Verlag GmbH,
Berlin W 8, Leipziger Straße 3—4

Lizenznummer: 202 · 100/440/64
Gesamtherstellung: VEB Druckerei „Thomas Müntzer“ Bad Langensalza
ES 18 G 3
Bestellnummer: 7017 · Preis: MDN 8,—

Inhaltsverzeichnis

A. Einleitung

Die Bodenzoologie hat als Teilgebiet der Bodenbiologie in den letzten zwei Dezennien einen starken Auftrieb erhalten. Ihr Forschungsbereich sind nicht nur die Bodentiere, sondern auch ihr Lebensraum, der Boden selbst. Bodenorganismen und Boden stehen in Wechselwirkung miteinander und bedingen einander in ihrem Bau und Verhalten. Es gibt kaum einen Vorgang im Boden, der nicht direkt oder indirekt von biologischen Faktoren abhängig wäre. Als Zweckwissenschaft dient die Bodenzoologie letztlich dem Ziel, eine biologisch begründete Bodenbewirtschaftung zu ermöglichen, um die Bodenfruchtbarkeit und Ertragsfähigkeit zu steigern. Trotz der Vielzahl des bereits Geleisteten sind wir aber noch weit von diesem Ziele entfernt.

Wichtigstes Ergebnis der bodenbiologischen Forschung war, den Boden als ein belebtes Substrat zu erkennen. Ohne pflanzliches und tierisches Bodenleben gäbe es keine Bodenfruchtbarkeit. Die Pflege des Bodenlebens ist nicht das einzige Mittel zur Ertragssteigerung und schließt nicht die Verwendung von Handelsdünger aus. Mineraldüngung allein reicht aber nicht aus, um den Boden dauernd leistungsfähig zu erhalten. Es geht darum, alle Wirtschafts- und Pflanzenbaumaßnahmen so auszurichten, daß das Bodenleben nicht vernichtet wird, sondern sich die Bodenorganismen weiter entwickeln können oder wenigstens nicht über Gebühr beeinträchtigt werden. Dafür die notwendigen Unterlagen zu schaffen, ist ebenfalls Aufgabe der Bodenzoologie.

Wie alle biologischen Objekte, gehorchen die Bodentiere bestimmten Gesetzmäßigkeiten. Diese müssen als solche aber erst erkannt werden, ehe man sie in Rechnung stellen kann. Die Geschichte bietet zahlreiche Beispiele für menschliches Wirken, das diese Gesetze bewußt oder unbewußt außer acht ließ. In Nordamerika wurde z. B. durch rücksichtslose Rodung und Bodennutzung der Boden der Erosion ausgeliefert und vernichtet, d. h. er ging auf Jahrzehnte für die landwirtschaftliche Nutzung verloren. Viele Jahre dauernde aufwendige und angestrengte Maßnahmen waren notwendig, um diese Gebiete wieder nutzbar zu machen. In Europa wurden durch Kahlschlag weite, waldige Gebirgsgegenden bis heute zu kahlen, dürren, besiedlungsfeindlichen Erosionsgebieten (z. B. Italien). Diese Beispiele zeigen: Die Natur ist nicht unbeschränkt regenerationsfähig! Auch heute noch entstehen immer wieder Schäden durch unsachgemäße Eingriffe des Menschen in die Natur. Erst die Folgen zeigen, wie „lebenswichtig“ der Boden für uns ist.

Die Bodenorganismen bewohnen die oberste, lockere Erdschicht, und wir werden alle Pflanzen und Tiere zu ihnen rechnen müssen, die an der Bodenbildung, d. h. an der Zerkleinerung und chemischen Zersetzung von Gesteinen, an der Durchmischung der Bodenschichten, aber auch an der Verarbeitung des toten Pflanzen- und Tiermaterials beteiligt sind. Boden und Bodenorganismen sind durch vielfache Beziehungen in Form eines Stoffkreislaufes miteinander verknüpft, so daß man beide als Komponenten einer „Ganzheit“ auffassen kann, die sich in einem dynamischen Gleichgewicht mit eigengesetzlichen Reaktionsfolgen befinden. Daraus resultieren einerseits die Schwierigkeit der Behandlung bodenzoologischer Probleme und andererseits, daß der einzelne Forscher beim heutigen Stand der Wissenschaft und der Spezialisierung nicht zugleich alle Bodentiergruppen bearbeiten und übersehen, also eigentlich auch keine allgemeingültigen Schlüsse postulieren kann. Auch die Notwendigkeit der Zusammenarbeit von Spezialisten verschiedener Arbeitsrichtungen und Fachdisziplinen läßt sich hieraus ableiten. Gerade der Bodenzoologe kann die

Verbindung beispielsweise zwischen Zoologen, Bodenkundlern, Pflanzenphysiologen sehr fördern, und fundierte Erkenntnisse sind besonders dann zu erwarten, wenn die Forschungsergebnisse auch nach diesen Disziplinen hin abgesichert sind. Wo eine kollektive Zusammenarbeit nicht möglich ist, muß sich die Zielsetzung einer Arbeit streng an den gegebenen Voraussetzungen orientieren.

Eine der größten Schwierigkeiten für die Bodenzoologen liegt z. Z. noch auf taxionomischem Gebiet. Die meist sehr kleinen Tiere müssen vor ihrer Bestimmung, die mit Sicherheit oft nur dem Spezialisten möglich ist, gewöhnlich einer mühsamen und zeitraubenden Präparation unterzogen werden. Hinzu kommt, daß die den geschlechtsreifen Tieren häufig ganz unähnlichen Jugendstadien in vielen Fällen nicht oder nur unzulänglich bekannt sind, zudem ein großer Mangel an guten Bestimmungsbüchern herrscht. In der Regel ist deshalb ein jahrelanges Einarbeiten notwendig, um in taxionomischen Fragen mit einiger Sicherheit urteilen zu können. Die sichere Bestimmung ist besonders notwendig, wenn spezifische Bodenanzeiger herausgestellt werden sollen. Sie bilden eine wertvolle Ergänzung der üblichen physikalisch-chemischen Analysenmethoden zur Bonitierung (= Einstufung nach Bodenqualität, Bodenfruchtbarkeit), weil sie nicht nur den augenblicklichen Zustand des Bodens erkennen lassen, sondern auch seine Herkunft und Entwicklungstendenzen anzeigen und viel spezifischer reagieren als Pflanzen.

Als geschlossenes Wissengebiet ist die Bodenzoologie eine sehr junge Wissenschaft. Sehr viel eher aber sind wichtige Einzelergebnisse zusammengetragen worden. Besonders die Bedeutung der Regenwürmer wurde schon von Hensen (1877), Darwin (1882) u. a. richtig erkannt und beschrieben. Auch P. E. Müller (1879) hat schon um die Rolle von Kleintieren bei der Zersetzung des pflanzlichen Bestandsabfalls gewußt. Durch die Mineraltheorie von Liebig gerieten alle diese Ansätze wieder in

Vergessenheit. Erst weit nach der Jahrhundertwende gewann die Frage nach der Bedeutung der Bodentiere für den Boden neues Interesse, als man erneut nach Möglichkeiten einer Ertragssteigerung suchte, um genug Nahrung für die schnell heranwachsende Menschheit zu schaffen. Einzelne Forscher, wie besonders FRANCÉ, haben in vielen, z. T. populärwissenschaftlichen Schriften auf die Bedeutung der Lebewelt des Bodens hingewiesen. Von FRANCÉ stammt auch der Begriff „Edaphon" für alles im Boden Lebende, also Tiere und Pflanzen. FRENZELS (1936) bekannte „Untersuchung über die Tierwelt des Wiesenbodens" war in Deutschland etwa der Auftakt der systematischen Bearbeitungen in der Bodenzoologie. Seitdem sind in schneller Folge systematische, faunistische, phaenologische, autökologische, biozönotische und andere Arbeiten über bodenzoologische Probleme veröffentlicht worden. Ein Meilenstein in der weiteren Entwicklung war das Erscheinen der bekannten „Bodenbiologie" von W. KÜHNELT (1950), einem Buch, das wohl eine ganze Generation von Bodenzoologen in das Arbeitsgebiet eingeführt und ihre Arbeitsrichtung bestimmt hat. Im gleichen Jahr wurden auch die bisherigen Arbeitsergebnisse von H. FRANZ und seiner Schule veröffentlicht, wobei hier schon klar die Bezogenheit zur Praxis hervorgehoben wird. Um die mehr theoretische und ökologische Zusammenfassung des bisher erarbeiteten Wissens hat sich besonders W. TISCHLER bemüht.

Bedeutsam für die Rolle und Stellung der Bodenbiologie erwies sich, daß in der Bodenkunde durch die „Entwicklungslehre des Bodens" von KUBIENA (1948) und andere Werke die Aufgeschlossenheit gegenüber biologischen Problemen wuchs.

Diese für das deutsche Sprachgebiet seit 1936 beschriebene Entwicklung hatte ihre Parallelen in anderen Ländern, wo sich einige „Schulen" entwickelt haben, die sich ausschließlich oder hauptsächlich mit bodenzoologischen Fragen beschäftigen.

B. Der Boden als belebtes Substrat

Boden

Der Boden ist die oberste lockere Schicht der Erdkruste, die durch Verwitterung unter dem gemeinsamen Einfluß von Luft, Wasser, Temperatur und den biologischen Einflüssen von Organismen entstanden ist. Das wesentlichste Merkmal des Bodens ist seine Fruchtbarkeit, d. h. die Fähigkeit, Pflanzenerträge hervorzubringen. Einen Hauptfaktor der Gestaltung der Lebensstätte Boden bilden die sogenannten physikalischen Bodeneigenschaften. Nur wenige Bodentiere können, wie der Regenwurm, sich durch den Boden hindurchfressen. Die meisten sind auf die im Boden vorhandenen Hohlräume angewiesen. Infolgedessen kommt seiner „Textur" (= Körnungsart des Bodens, d. h. Größe, Form und mengenmäßige Verteilung der festen Bodenbestandteile) und „Struktur" (= Gefüge des Bodens, d. h. Lagerung der Bodenteilchen im Raum) eine erhöhte Bedeutung zu. Die festen Bestandteile liegen im Boden nicht isoliert nebeneinander, sondern sind durch die Tätigkeit von Algen, Pilzen und Tieren, die sogenannte „Lebendverbauung" und durch Bodenkolloide $\pm$ (mehr oder weniger) miteinander zu rel. beständigen Krümelverbänden zusammengeschlossen. Diese Beständigkeit einer optimalen Krümelstruktur des Bodens ist die Bodengare.

Die Gesamtheit der zwischen den festen Bodenteilchen freibleibenden Hohlräume wird als Porenvolumen bezeichnet. Seine Größe wird durch die Krümelstruktur des Bodens bedingt. Im Prinzip handelt es sich dabei um folgende Lagerungsmöglichkeiten: Würfellagerung und Tetraederlagerung (Abb. 1).

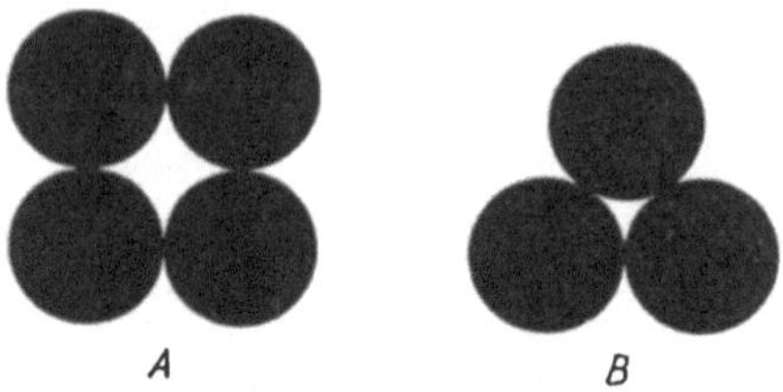

Abb. 1: Beeinflussung der Größe des Porenvolumens von der Art der Lagerung bei Annahme gleich großer Kugelpartikel
A Würfellagerung
B Tetraederlagerung

Die Größe des Porenvolumens wird in Prozent vom Gesamtvolumen eines Bodenwürfels angegeben. Es beträgt im Durchschnitt etwa 50%; in Sandböden sinkt es bis unter 35% ab, in Moorböden steigt es bis über 80%. Vergleichsmessungen ergaben die in Tab. 1 aufgeführten Werte.

Tabelle 1: Größe des durchschnittlichen Substanzvolumens (= Bodenanteil einer Raumeinheit Boden) verschiedener Bodenarten mit gleichartigen Kulturen (nach MORGENWECK, 1941)

Kultur	Schicht cm	Schwere tonige Böden	Auelehm-böden	Löß-böden	Lehm, Sand-böden
Wiesen	3–8	42,8	48,0	50,7	51,8
	12–17	47,5	50,2	52,0	55,4
	25–30	53,4	50,2	50,5	58,2
Weiden	3–8	48,5	54,4	57,3	58,1
	12–17	52,9	50,1	56,3	59,1
	25–30	55,7	50,1	55,5	59,9
Halm-früchte	3–8	53,9	53,0	58,7	57,1
	12–17	54,8	53,0	59,3	60,4
	25–30	58,6	55,6	60,2	62,7

Für die in den Bodenhohlräumen lebenden Organismen ist nicht nur die absolute Größe des Porenvolumens wichtig, sondern auch die Gestaltung, Größe und Form der einzelnen Mikrokavernen und Spalträume.

So fand PALISSA (1955) an einem Lößhang mit einem Porenvolumen von etwa 60% im Boden fast ausnahmslos kleine Tiere; die Springschwänze (Collembolen) *Tullbergia affinis* und *T. krausbaueri* erreichten über 80% der Collembolenpopulation. Dagegen traten in den Bodenproben einer nahe gelegenen humosen Wiese auf tonig-mergeliger Unterlage die oben genannten kleinen, nicht sprungfähigen Collembolen kaum in Erscheinung (weniger als 10% aller Collembolen); dafür bestimmten die beweglichen, sprungfähigen Arten hier das Bild. Bei einer vergleichbaren Größe des Porenvolumens waren durch die Verschiedenheit der Teilchengröße die einzelnen Spalträume im Lößboden so eng geworden, daß nur kleine, nicht grabende Arten darin Platz fanden.

Die Größe der Mikrokavernen hat auch Wirkungen auf das Bodenmilieu. Es gelten nach SEKERA (1941) folgende Beziehungen:

1) Grobe Poren — über 0,03 mm Durchmesser. Sie gewährleisten die Durchlüftung des Bodens und damit die Atmung der Bodenorganismen und der Wurzeln.

2) Mittlere Poren — 0,003—0,03 mm Durchmesser. Sie dienen als Wasserleistungssystem der Sicherung eines sparsamen Wasserhaushaltes.

3) Feine Poren — unter 0,003 mm. Sie halten das Bodenwasser zäh fest und bilden eine gewisse Wasserreserve für die Bodenorganismen.

Optimale Strukturverhältnisse sind dann gegeben, wenn grobe, mittlere und feine Poren in annähernd gleichen Anteilen nebeneinander vorhanden sind. Veränderungen der Krümelstruktur des Bodens bedeuten Veränderung des Porenvolumens und der Anteile der Porengröße. Sie bedingen damit auch eine Änderung der Organismengesellschaft.

Größe und Form des Porenvolumens sind darüber hinaus auch für den Wasserhaushalt des Bodens von großer Bedeutung. Die Summe aller Poren bestimmt diejenige Wassermenge, die ein Boden überhaupt aufnehmen kann, seine „maximale Wasserkapazität“. (Verschiedene Autoren bezeichnen als maximale Wasserkapazität den Wassergehalt eines 24^h lang gewässerten Bodens, gemessen nach einem zweistündigen Abtropfen). Der Boden kann aber dieses Wasser nicht dauernd festhalten, es versickert unter dem Einfluß der Schwerkraft $\pm$ schnell. Feinkörnige Tonböden haben eine hohe wasserhaltende Kraft, aber eine geringe Wasserbeweglichkeit; grobkörnige Sandböden besitzen ein geringes Wasserhaltevermögen, aber gute Wasserbeweglichkeit und damit Ausnutzbarkeit. Nur der Teil des Wassers kann dauernd im Boden verbleiben, der von seinen kapillaren Hohlräumen zurückgehalten wird. Man bezeichnet ihn als „Haftwasser" oder seine „minimale Wasserkapazität" und drückt sie gewöhnlich in Gewichts- oder Volumenprozenten des trokkenen Bodens aus. Das Haftwasser ist abhängig von Korngröße, Lagerungsweise und dem Gehalt an quellbaren Bestandteilen. In der Praxis werden unter natürlichen Bedingungen – auch bei oder nach Überschwemmungen – niemals alle Poren mit Wasser gefüllt sein. Wegen der Anordnung der Bodenkavernen werden stets noch Lufträume und Luftblasen eingeschlossen bleiben, so daß einwohnende Tiere Überlebenschancen haben. Durch Regen werden sie in der Regel nicht beeinträchtigt. Den luftatmenden Bodentieren stehen also nicht alle Bodenhohlräume zur Verfügung. Sie können nur eine Raumgröße in Höhe der „Luftkapazität" des Bodens besiedeln, d. h. Porenvolumen minus minimaler Wasserkapazität. Deshalb kann das Hohlraumvolumen ein begrenzender Faktor für die Zahl der nicht grabfähigen Bodentiere sein, da die Raumkonkurrenz ihre Zahl beschränkt.

Bodenklima

Die mit der Witterung und der Jahreszeit schwankende Wasserfüllung des Bodens reguliert auch die Zusammensetzung der Bodenluft. Die edaphischen Tiere sind in der Regel auf Luftatmung, d. h. auf den Sauerstoff angewiesen. Nur in Ausnahmefällen, z. B. in Stapelmist oder heiß gärendem Kompost, scheinen andere Verhältnisse vorzuliegen. Z. B. vermögen einige Dipterenlarven anoxybiont zu leben (LEUTHOLD, 1961). Die Zusammensetzung der Bodenluft unterscheidet sich beträchtlich vom Gasgemisch der freien Atmosphäre. Die relative Luftfeuchtigkeit der Bodenluft ist sehr hoch und hält sich ziemlich konstant über 90%; außerdem ist ihr CO_2-Gehalt beträchtlich höher als in der freien Atmosphäre. Der hohe CO_2-Gehalt resultiert vor allem aus der Atmung der Bakterien und anderer Bodenorganismen während des Abbaues organischer Substanzen. FEHÉR (1933) hat auf ungarischen Waldböden eine CO_2-Produktion von 0,237 bis 1,057 g pro m^2 und Stunde ermittelt. STOKLASA (1929) schätzt, daß in jedem Sommer 15000–20000 kg/ha CO_2 aus dem Boden entweichen. Damit kommt der CO_2-Produktion des Bodens auch eine große Bedeutung für die höhere Vegetation zu, da sie den grünen Pflanzen einen erheblichen Teil ihres CO_2-Bedarfes für die Assimilation zur Verfügung stellt.

Tabelle 2: Anstieg der Kohlensäurekonzentration nach den tieferen Bodenschichten (aus einer Zusammenstellung von LUNDEGÅRDH, 1957)

Grasboden (RUSSEL)	1,46% in 15 cm Tiefe	1,64% in 45 cm Tiefe
Ackerboden (RUSSEL)	0,34% in 15 cm Tiefe	0,45% in 45 cm Tiefe
Buchenwaldboden (ROMELL)	0,33% in 30 cm Tiefe	0,39% in 60 cm Tiefe
Sandboden (LUNDEGÅRDH)	0,25% in 15 cm Tiefe	0,31% in 30 cm Tiefe

Der CO_2-Gehalt der Bodenluft nimmt nach der Tiefe regelmäßig zu. In großen Tiefen kann er bis 8% ansteigen. Das erklärt sich aus der nach unten zunehmend schlechteren Durchlüftung des Bodens bzw. der immer mangelhafteren Erneuerung der Bodenluft. Da die Druckverhältnisse zwischen Bodenluft und Außenluft gleich sind, muß der Zunahme der CO_2-Konzentration eine Abnahme des O_2-Gehaltes parallel gehen. Beides ist mitverantwortlich für eine entsprechende Tiefenschichtung der (aeroben) Bodenfauna.

Den Austausch der Bodenluft und die Beseitigung der lebensfeindlichen Kohlensäure bewirken vor allem Niederschläge. Das Wasser treibt die Bodenluft aus den Poren und füllt dabei vorübergehend die Hohlräume aus. Nach dem Absickern bzw. Verdunsten dringt von der freien Atmosphäre her wieder Luft mit normalem Sauerstoffgehalt ein. Der Gasaustausch wird durch Diffusionsvorgänge, Luftdruck- und Temperaturschwankungen noch gefördert.

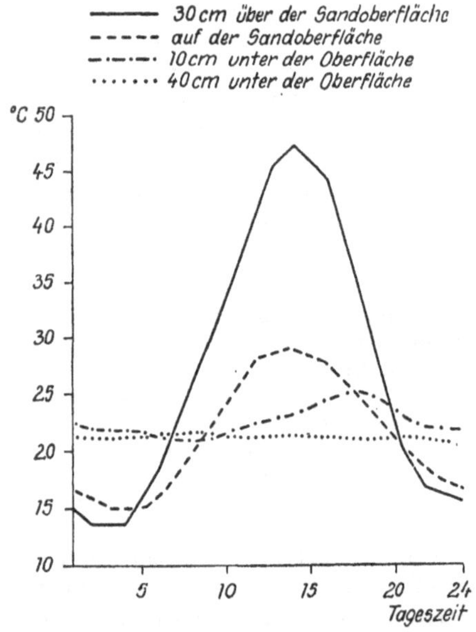

Abb. 2: Temperaturkurve während 24 Stunden eines Julitages auf einem Triebsandgebiet Finnlands (verändert nach KROGERUS, 1932)

Das Bodenklima ist in seinem Gesamtcharakter sehr ausgeglichen. Eine Luftströmung fehlt völlig und bedingt vor allem in tiefen Bodenschichten einen verhältnismäßig ausgeglichenen Temperaturgang (Abb. 2). Das setzt, zusammen mit dem hohen Wassergehalt der Bodenluft, die Verdunstung an der Körperoberfläche der Bodenorganismen stark herab. Deshalb finden wir unter den edaphischen Tierarten besonders zahlreich Formen mit mangelhaftem oder fehlendem Verdunstungsschutz, z. B. Regenwürmer (Lumbriciden, Enchytraeiden), Collembolen, Zwergfüßer (Symphylen) u. a. Die echten Bodenformen vertrocknen in einem offenen Glasbehälter bereits nach kurzer Zeit.

Schon im nackten Boden verlaufen die Temperaturen viel ausgeglichener als in der Luftschicht auf der Erdoberfläche. Die im Tagesverlauf auftretenden Temperaturschwankungen sind auch von Bodenart, -Struktur,

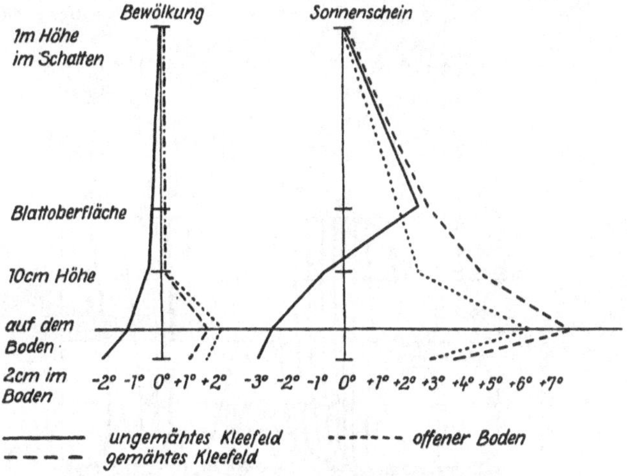

Abb. 3: Einfluß der Bodenbedeckung auf den Temperaturverlauf im Schatten an Sommermittagen bei Bewölkung und Sonnenschein (Differenzen in Grad C, bezogen auf 1 m Höhe im Schatten = 0) (BONESS, 1958)

Geländeverhältnissen, Wassergehalt und der Bodenfarbe abhängig. Sie werden weiterhin stark gedämpft durch die Vegetation (Abb. 3). Der Boden ist Tag und Nacht durch die Vegetationsdecke vor starken Temperaturschwankungen geschützt. Nur zur Zeit einer verstärkten

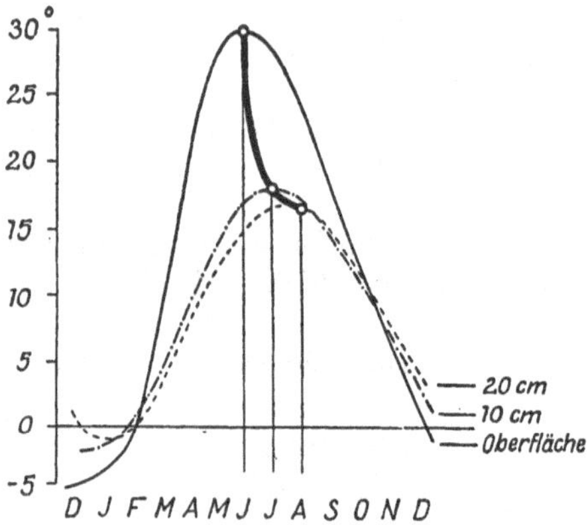

Abb. 4: Verzögerung der Jahresextreme mit zunehmender Tiefe (LEUTHOLD, 1961)

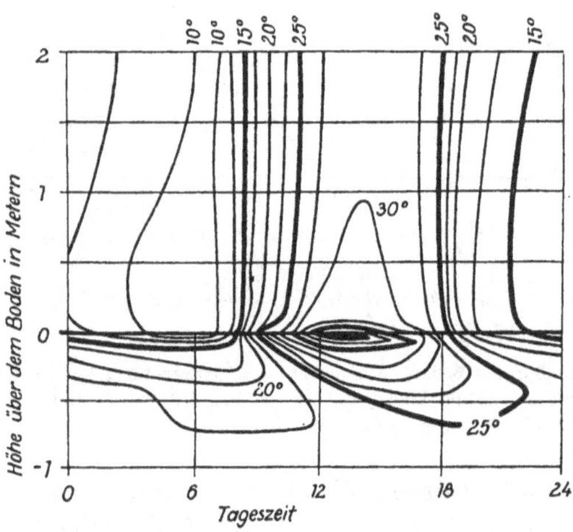

Abb. 5: Temperaturschichtung beiderseits der Bodenoberfläche im Laufe des Tages (verändert nach GEIGER, 1961)

nächtlichen Taubildung, etwa zwischen 23 und 2 Uhr, treten Temperatursprünge im Mikroklima der Vegetationschicht auf durch das plötzliche Freiwerden von Kondensationswärme. Die Folge ist eine starke thermische Turbulenz, die auch den Gang der relativen Luftfeuchtigkeit beeinflußt. Aber nur Wärme- oder Kältezeiten von mehr als 1 Tag wirken bis in größere Tiefen (MAIL, 1930). Die geschilderten Verhältnisse bewirken, daß die jahreszeitlichen Schwankungen im Boden sehr gedämpft und verzögert verlaufen (Abb. 4). Noch deutlicher zeigt sich diese Tendenz bei kurzzeitigen Temperaturänderungen innerhalb eines Tages (Abb. 5). Unterhalb von 25 cm Bodentiefe wirken sich die täglichen und mikroklimatischen Schwankungen gar nicht mehr aus (Abb. 2), und schließlich folgt in einer ebenfalls nach Bodenart und Standortsverhältnissen wechselnden Tiefe eine Bodenschicht, in der die Temperatur das ganze Jahr hindurch gleich bleibt.

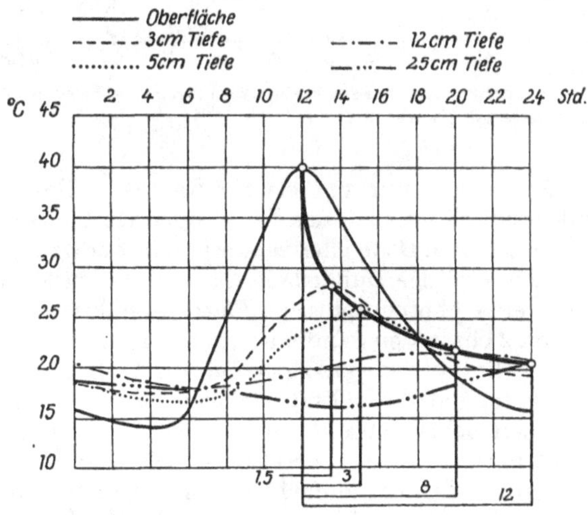

Abb. 6: Verzögerung der Tagesextreme mit zunehmender Tiefe (verändert nach LEUTHOLD, 1961)

Die Verzögerung der Tagesextreme mit zunehmender Tiefe beträgt in 3 cm Tiefe bereits 1½ Stunden und steigt in 25 cm Tiefe bis auf 12^h an (Abb. 6).

Bewölkung und Niederschlag verringern merklich die Temperaturschwankungen (Abb. 7). Nach Regenfällen verschieben sich die Extremwerte zwischen Oberfläche

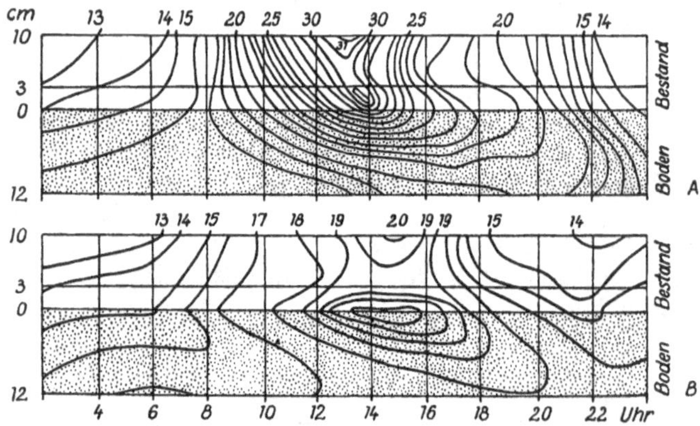

Abb. 7: Temperaturverlauf im Bestand einer Versuchswiese bei heiterem (*A*) und bei Regenwetter (*B*) (LEUTHOLD, 1961)

und 25 cm Tiefe nur um etwa 6 Stunden. Besonders charakteristisch ist auch das Lichtklima des Bodens. In nacktem, offenem Boden herrscht schon in wenigen Zentimetern Tiefe völlige Dunkelheit. Nach SASSUCHIN (1927) reagiert eine photographische Platte, die bis zu einer Tiefe von 2 cm in den Sand eingegraben ist, nicht einmal nach einer Exposition von 6 Stunden auf das Sonnenlicht. Das bedeutet, daß die im Boden lebenden Tiere (praktisch) im Dunkeln leben müssen. Aber auch auf dem Boden herrscht innerhalb der Vegetationsschicht Dämmerlicht, da der größte Teil des einfachen Lichtes bereits von den Pflanzen absorbiert wird, wobei die Stärke der Lichtabsorption von der Pflanzenart und ihrem Deckungsgrad abhängt (Abb. 8, 9). Nach Abb. 8 gelangt in einem 30 cm hohen Kleefeld nur etwa 5% des vollen Tageslichtes auf den Boden. Da die Luft unmittelbar am Boden wegen der Vegetation keine Strömung zeigt, herrschen auch in

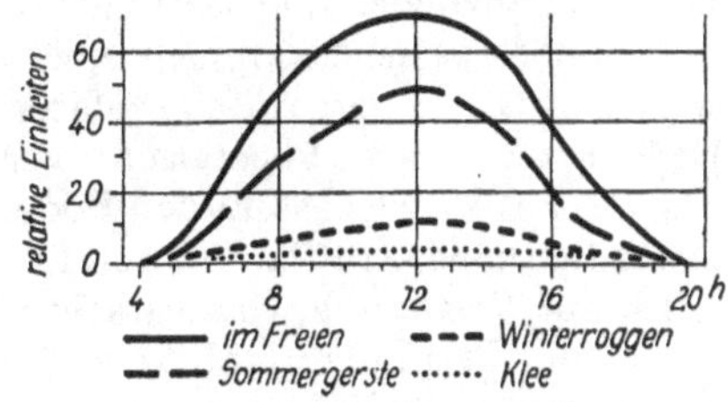

Abb. 8: Tagesgang der Helligkeit am Boden in verschiedenen Feldern an einem Maitag (nach SAUBERER aus GEIGER, 1961)

dieser Zone gewöhnlich gute Bedingungen für hygrophile und lichtscheue Tiere. Die euedaphischen Arten sind während ihres ganzen Lebens dem Einfluß des Lichtes entzogen, was zu mannigfaltigen Anpassungen geführt hat. Sie gehen häufig so weit, daß viele echte Bodenformen gar nicht mehr im Freien leben können und dort den Lichttod erleiden (z. B. Regenwürmer).

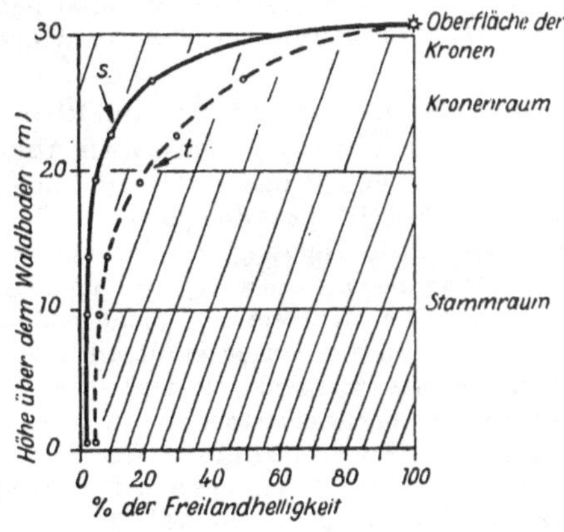

Abb. 9: Abnahme der Helligkeit im Innern eines dichtbelaubten Rotbuchenbestandes (verändert nach TRAPP, 1938)
s = Kurve für einen sonnigen Tag
t = für einen trüben Tag

Vegetation

Nahrungsgrundlage und Energiequelle für die Bodenorganismen bilden tote und lebende organische Substanzen im Boden; das sind die verschiedenen Zersetzungsstufen pflanzlicher und tierischer Leichen oder Leichenteile und tierischer Exkremente bis zu den echten Humusstoffen. Dieses organische Material ist nach Klima, Bodentypus und Vegetation verschieden. Lebendes organisches Material steht den Bodentieren in der Wurzelmasse der höheren Pflanzen und in den Bodenorganismen selbst zur Verfügung. Quantitativ werden damit Wurzelmasse und Bestandesabfall (d. s. $\pm$ unzersetzte Pflanzenreste) zum wichtigsten organischen Nahrungsfaktor der Bodenorganismen. Der Vorrat an Nahrungsstoffen zeigt in naturgewachsenen Böden eine regelmäßige rasche Abnahme nach der Tiefe zu, in direkter Abhängigkeit zur Wurzelverteilung. In Grünlandbeständen verläuft die Wurzelverteilung der obersten 50 cm Bodenschicht nach KLAPP (1943) wie folgt:

0– 5 cm: 90,09% der Wurzelmasse
0–10 cm: 95,36% der Wurzelmasse
0–15 cm: 97,54% der Wurzelmasse
0–20 cm: 98,63% der Wurzelmasse
0–30 cm: 99,50% der Wurzelmasse

In den untersuchten Grünlandflächen waren also nur ½% der Gesamtwurzelmasse noch unterhalb 30 cm Tiefe. Die nach Gewicht und Tiefenverteilung größte Wurzelmasse fand sich bei jährlich dreimaligem Schnitt nach beendigtem Schonen. Jede Nutzungsvermehrung brachte gewichtsmäßig eine starke Beeinträchtigung der Wurzelmasse. Dabei ist der Rückgang der Wurzelmasse nicht nur auf die zunehmende Nutzungsintensität zurückzuführen, sondern auch auf die Wandlung des Pflanzenbestandes flachwurzelnder Arten. Intensive Weide- und Schnittnutzung ergeben bei gleicher Häufigkeit keinen Unterschied in der Wirkung auf die Wurzelmasse. Die Werte von Parkrasenschnitt und wöchentlicher Weide stimmen fast völlig überein (Tab. 3).

Tabelle 3: Abnahme der Wurzelmasse durch Schnitt oder Beweidung (nach KLAPP, 1943)

Jährliche Nutzungsweise	Wurzelmasse in Gramm Trockensubstanz in der Bodenschicht		
	0–5 cm	5–50 cm	40–50 cm
Dreimaliger Schnitt	59,350	12,258	0,480
Viermaliger Schnitt	67,775	9,306	0,218
Fünfmaliger Schnitt	42,800	7,650	0,095
Mähweide (3 Schnitte, 3 Weidegänge)	62,200	6,234	0,048
Achtmalige Beweidung	35,500	3,537	0,010
Elfmalige Beweidung	29,675	2,158	0,010
Neunzehnmaliger Schnitt	29,625	1,615	0,012
Neunzehnmalige Beweidung	29,550	1,479	0,018

Dagegen zeigten dieselben Gräser in Einzelkultur maximale Wurzeltiefen von 100–280 cm und der Zahl nach auch in 60–80 cm Tiefe noch erhebliche Wurzelmengen. Zwar hängt die Qualität der Wurzelmasse und ihre Schichtung auch von anderen Faktoren ab, anscheinend gibt aber in Tab. 3 die Nutzungsintensität den Ausschlag gegenüber art-, gesellschafts- und standortsgebundenen Eigenarten. Auf Ackerböden erreicht die Wurzelmasse niemals so hohe Beträge wie in Dauergrünlandböden. Auch unter Bäumen liegt die Hauptmasse der Wurzeln noch in den obersten 50 cm des Bodens.

Das Vorhandensein von Nahrung ist neben anderen genannten Faktoren eine Voraussetzung tierischen Lebens im Boden. Die Bodentiefe von 30 cm hat sich daher in den meisten Untersuchungen auch als Grenze des Bodenlebens erwiesen; unterhalb derselben findet man nur noch unwesentliche Mengen. Ausnahmen gibt es in tieferen Bodenschichten an Leichen, in Wurzelröhren und an anderen geeigneten Stellen. Ebenso gehen einige größere Bodentiere, aktive Bodenwühler wie Regenwurm, Maulwurf u. a., tiefer in den Boden hinein. Nicht nur die

Nahrungsmenge, auch die Nahrungsqualität, d. h. die leichte Zersetzbarkeit des organischen Bestandsabfalls und eine günstige chemisch-physikalische Beschaffenheit der humosen Stoffe sind für das Bodenleben von erheblicher Bedeutung. Die verschiedenen Bodenfaktoren sind gewöhnlich eng miteinander verknüpft. Bei geeignetem Nährstoffgehalt der Böden ist nach TISCHLER (1949) z. B. die Wohndichte der Milben und Springschwänze nur hoch, wenn gleichzeitig die Luftkapazität über 20% liegt. Ist der Schwellenwert von 40% organischer Substanz überschritten, so ist es für die Besiedlungsdichte gleichgültig, ob die Nährstoffmenge den Wert von 60% oder 90% erreicht, sie wirkt sich erst bei weiter steigender Luftkapazität auch in einer erhöhten Wohndichte aus.

Als Endprodukt der tierischen (oder pilzlichen) Zersetzung des organischen Materials erscheint der Humus. „Echte" Humusstoffe[1]) sind nicht die gesamte organische Substanz des Bodens, sondern nach KUBIENA (1948) stofflich die Gesamtheit der unter den jeweiligen Bedingungen des Standortes angehäuften, schwer zersetzbaren Umwandlungsprodukte der organischen Stoffe des Bodens. Humus enthält Huminstoffe und Nicht-Humusstoffe und ist biologisch gesehen jener durch einen besonders stark ausgeprägten jahreszeitlichen Rhythmus charakterisierte Teil des Bodens, der sich durch besondere Organismendichte und meist große Mengen von Organismenrückständen und organischen Umwandlungsprodukten auszeichnet. Humus ist also kein Begriff der präparativen organischen Chemie, sondern ein Gemisch der unter den gegebenen Zersetzungsbedingungen jeweils widerstandsfähigsten organischen Verbindungen. Je nach Aufbau und Biologie unterscheidet man deshalb verschiedene Humusformen, von denen hier nur Sapropel, Moortorf, Rohhumus, Moder und Mull genannt seien.

[1]) Als Humus i. w. S. wird meist die Summe aller organischen Substanzen des Bodens mit Ausnahme der frischen Spreu und der unzersetzten Wurzelmassen verstanden.

Chemismus

Durch den Kontakt der Bodenteilchen mit dem Bodenwasser und den darin wirksamen Bestandteilen, besonders Wasserstoffionen, Kohlensäure, Humusstoffen und Tonen kommt es zu Lösungsprozessen. U. a. findet man in Analysen von Bodenpreßsäften CaO, MgO, K_2O, P_2O_5. Im Bodenwasser spielt das Wasserstoffion wegen seiner großen Verdrängungsenergie gegenüber anderen Kationen und seiner besonders festen Haftung an Tonteilchen eine große Rolle. Den in einer Bodensuspension gemessenen pH-Wert bezeichnet man als die „aktuelle Azidität".

Durch den landwirtschaftlichen Anbau werden dem Boden in erster Linie die Basen entzogen, eine allmähliche Versauerung des Bodens ist die natürliche Folge. Dieser Vorgang beruht vor allem auf einer zunehmenden Entkalkung des Bodens, wobei das Ca-Ion, das Krümelstruktur und -Beständigkeit fördert, durch das eine Verschlämmung fördernde H-Ion ersetzt wird. In Deutschland ist heute der überwiegende Teil unserer Böden versauert. Ausmaß und Geschwindigkeit der Versauerung sind abhängig von seiner Widerstandskraft gegen eine Reaktionsverschiebung. Als wichtigste Bestandteile dafür kommen Kalk, Ton und Humus (d. h. sorptionsfähige Kolloide) in Frage, sofern sie nicht basenarm sind. Solche gut gepufferten Böden sind Kalk- und Mergelböden, neutrale und alkalische Humusböden, kalkhaltige Lehm- und Tonböden. Schlecht gepuffert sind im allgemeinen Sandböden. Es ergibt sich daraus, daß für die Pufferung eines Bodens nicht eigentlich sein Säuregrad, d. h. die augenblickliche Höhe der pH-Konzentration als der aktuellen Azidität wichtig ist, sondern seine Säuremenge, das ist seine Gesamtazidität, die durch Titration mit Natronlauge bestimmt werden kann. pH-Wert aber auch Krümelstruktur können durch Düngung (organische und anorganische) beeinflußt werden. Das Na-Ion z. B. verdichtet den Boden. Allen Phosphatdüngern ist die krümelfestigende Anionenwirkung des

Phosphations gemeinsam, außerdem fördern sie als Pflanzennährstoff besonders das Wurzelsystem und damit indirekt das Bodenleben. Die Phosphorsäure wird aber oft vom Boden ± stark festgehalten, bisweilen so stark, daß die Pflanzenversorgung trotz hoher Düngergaben bedroht ist. Ein Freimachen kann anscheinend durch Anionenaustausch erfolgen, d. h. auch durch das HCO_3-Ion der Atmungskohlensäure. Damit fördern jedoch lebhaftes Bodenleben und hohe CO_2-Produktion durch Bodenorganismen auch die Ausnutzung der Düngerphosphorsäure (SEKERA, 1941).

Der Säuregrad eines Bodens hat einen starken Einfluß auf Gedeihen und Gesundheit der Pflanze. Es gibt für alle Pflanzen (und Tiere) pH-Grenzen, innerhalb deren Wachstum und Ertrag ein Optimum darstellen. Im allgemeinen ist eine neutrale bis ganz leicht saure Reaktion der Bodenlösung für die Pflanzen am günstigsten (Tab 4); gegen Alkalität sind sie empfindlicher als gegen Säuren.

Tabelle 4: Abhängigkeit der Ernteerträge von Sommerweizen und Kartoffeln vom pH-Wert (nach ARRHENIUS (1922) aus KORDATZKI (1949))

pH-Werte	4,2	5,3	6,5	7,2	8,0
Ernteerträge an Sommerweizen	26	77	100	96	80
pH-Werte	4,2	5,5	6,5	7,3	8,0
Ernteerträge an Kartoffeln	58	100	84	57	48

Die unter bestimmten Bedingungen gefundenen optimalen pH-Werte können sich etwas mit der Bodenart und der Sorte einer Pflanzenart verschieben.

Auch die Lebenstätigkeit der Bodenbakterien wird vom pH-Wert des Bodens stark beeinflußt. Bei stärker saurer Reaktion sinkt ihre Zahl merklich ab; ihr Optimum liegt um den Neutralpunkt bis zum schwach alkalischen. Dies ist wichtig für die Mineralisierung des organischen Bestandsabfalls. Auf der anderen Seite ist der pH-Wert eines Bodens vor allem durch mikrobiologische Prozesse bestimmt. Die gemessene aktuelle Azidität ist also die Folge biologischer Vorgänge und nach FEHÉR (1932) das Ergebnis dynamischer aerober und anaerober Abbauprozesse.

Die meisten Bodentiere bevorzugen leicht alkalische Böden. Der pH-Wert soll nach sehr vielen Literaturangaben nur eine untergeordnete Rolle spielen. Anscheinend trifft das aber nicht zu. Ebenso wie die meisten Bodentiere empfindlich auf die mikroklimatischen Bedingungen reagieren, dürften auch lokale und temporäre Schwankungen des pH-Wertes — die mit den üblichen Bestimmungsmethoden gar nicht erfaßt werden — mitbestimmend für das Auftreten und die Häufigkeit vieler Bodentiere sein. Solche Schwankungen wurden u. a. von FEHÉR (1932) nachgewiesen. Sie treten besonders im Bereich der Wurzelzone (Rhizosphäre) auf. Die besondere Rolle der Rhizosphäre zeichnet sich auch in vielen Untersuchungen der letzten Jahre immer mehr ab. Wir dürfen deshalb annehmen, daß zwar vielleicht nur eine geringe direkte Einwirkung des pH-Wertes auf die Bodentiere besteht, dieser aber indirekt über eine Veränderung der chemischen, biologischen und auch physikalischen Verhältnisse die Bodentiere beeinflußt. Bekanntlich kommt es bei zunehmender Versauerung des Bodens auch zu einer tiefgreifenden Umschichtung der pflanzlichen Organismen. Die Bakterien treten stark zurück, dagegen vermehren sich die Pilze, deren biochemische Aktivität für die Humifizierung gering ist. Die Zersetzung verläuft gehemmt und in anderer Bahn. Es kann zur Bildung von Rohhumus kommen, wodurch dem Nährstoffkreislauf Mineralstoffe entzogen werden. Daß auch die Tierwelt beeinträchtigt wird, beweist die beträchtliche Verarmung von Rohhumusböden an Bodentieren. Die Kalkung des Bodens ist ein bekanntes Mittel, diese Tendenz zu stoppen und den Zersetzungsablauf durch eine biologische Aktivierung wieder in normale Bahnen zu leiten. Hinsichtlich der physikalischen Beeinflussung ist bekannt, daß der Zustand der Bodenkolloide durch den pH-Wert verändert wird. Z. B. haben Tonböden bei saurer Reaktion eine körnige Struktur, bei alkalischer dagegen eine lehmartige, wasserundurchlässige Konsistenz.

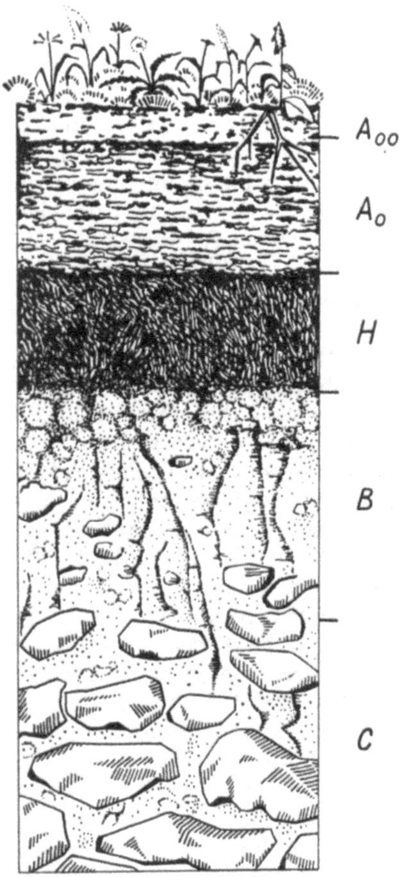

Abb. 10:
Schema eines Bodenprofils
(Erklärung im Text)

Bodenschichtung

Als Ergebnis historischer Abläufe hat sich in dem dynamischen Prozeß der Bodenentwicklung eine Schichtung eingestellt, die als „Bodenprofil" bezeichnet wird. Bodenprofile liegen in der Natur nicht immer vollständig vor. In Hanglagen kann durch Regengüsse Boden abgetragen werden, und auf landwirtschaftlich genutzten Böden ist die oberste Bodenschicht durch die Bodenbearbeitung umgelagert — in solchen Fällen treten verstümmelte Profile auf. Reife, vollständige Bodenprofile finden wir in unserem Klima in ebenem Gelände, das möglichst lange unter natürlicher Vegetation stand. Ein solches vollentwickeltes Bodenprofil enthält gewöhnlich drei übereinander geschichtete Horizonte A, B, C (Abb. 10).

Der A-Horizont (organogene Auflage) besteht aus den obersten, durch dichteste Organismenbesiedlung und stärkste Anreicherung von organischen Substanzen gekennzeichneten Humusschichten. Sie lassen gewöhnlich folgende Unterteilung zu:

„Förna" (= A_{00}-Horizont) — Streuschicht aus weitgehend unzersetztem Pflanzenabfall wie Laub, Nadeln, Gras-, Moosreste u. a.; wegen relativ starker Temperatur- und Wassergehaltsschwankungen mit nur wenigen Bodentieren.

Die Zersetzung der Pflanzenreste unter Beteiligung von Tieren der Bodenoberfläche erfolgt hier nur langsam. „Nur faulende Pilze, Früchte, Losung von Großtieren und Aas durchlaufen hier ein Stadium stürmischer, meist durch Bakterienzersetzung eingeleiteter und durch Tiere unterstützter Zersetzung" (Kühnelt, 1950).

Die darunterliegenden Bodenschichten schützt die Förna vor stärkerer Austrocknung und Temperaturschwankungen.

„F-Schicht" (= A_0-Horizont, Moderungsschicht) — hier erfolgt die Aufarbeitung des Bestandsabfalls durch die Bodentiere und die Anreicherung mit Kleintierlosung.

Die zunehmende Durchmischung des Substrates erleichtert die bakterielle Zersetzung. Der Gehalt an Mineralstoffen ist gering, er kommt im wesentlichen aus dem Bestandsabfall. Gewöhnlich zeigt die F-Schicht den größten Organismenreichtum und die höchsten Individuenzahlen.

„H-Schicht" — in dieser Humusschicht kommt bei einer noch recht intensiven Zersetzung die Humifizierung des Bestandesabfalls zu einem vorläufigen Abschluß. Hier entfalten besonders die Regenwürmer ihre Aktivität, verarbeiten und durchmischen $\pm$ zersetzte Pflanzenreste und Kleintierlosung mit Mineralteilchen aus tieferen Bodenschichten. Es kommt zur Bildung von Ton-Humus-Komplexen; als einzige geformte Elemente bleiben Regenwurmlosung.

Der B-Horizont (Verwitterungshorizont) als zweite Hauptschicht besteht aus weitgehend zersetztem Gestein, dessen Humusgehalt nach unten zu rasch abnimmt, während die Korngröße zunimmt. Wegen des Gehaltes an oxydierten Eisenverbindungen ist diese Schicht braun, ockergelb oder rot gefärbt.

Die in der Humusschicht mit organischen Zersetzungsprodukten vermischten Mineralstoffe entstammen dem B-Horizont. Bodenleben ist in den kompakten Teilen des B-Horizontes nur spärlich entwickelt; nur entlang von Spalten und Röhren, insbesondere entlang abgestorbener Wurzeln und von Regenwurmröhrchen ist es stärker vertreten. Auch an Leichen wurde noch in ca. 2 m Tiefe ein reiches Leben gefunden.

Der C-Horizont (Muttergestein) umfaßt das unzersetzte Gestein, er schließt sich mit $\pm$ scharfer Grenze an den B-Horizont an.

Die Bezeichnung unzersetztes Gestein bedeutet nicht, daß es sich um kompaktes Material handeln muß, auch lockere Sedimente wie Sand, Löß und Ton werden bodenkundlich als „Gestein" bezeichnet.

In manchen Böden kann durch Auswaschung aller feindispersen, aufschlämmbaren Gemengteile im Bereiche des A-Horizontes eine Bleichschicht auftreten, die aus $\pm$ nacktem und darum hell gefärbtem Mineralsand besteht. Wir bezeichnen solche extremen Verarmungshorizonte als „Eluvialhorizonte" A (= Auswaschungshorizonte). Das ausgewaschene Material wird in der darunterliegenden Schicht, dem „Illuvialhorizont" B (= Anreicherungshorizont) wieder abgelagert. Vielfach fehlt den Bodenprofilen ein B-Horizont, sogenannte AC-Böden; dies gilt für Unterwasserböden oder Grundwasserböden, für Rendsinen (d. s. Kalkhumusböden), für Schwarzerden.

C. Anpassungserscheinungen an den Boden

Der Boden hat als Lebensstätte Biotopcharakter für die einwohnende Tiergemeinschaft, seine Zoozönose. Da Biotop und Biozönose etwa wie Negativ und Abzug zueinander passen, muß der Boden durch seine abiotischen Faktoren auch unmittelbar auf Anzahl und Zusammensetzung der Bodenorganismen einwirken. Was aber rechnet zu den Bodentieren? Nach BUCKLE (1923) haben 95% aller Insekten in ihrer Entwicklung ein bodenlebendes Stadium eingeschaltet. Wir werden aber nicht alle auch als Bodentiere bezeichnen können, sondern diejenigen, die sich nur gelegentlich im Boden aufhalten, sich dort verstecken, dort nur als Ruhestadien oder zur Überwinterung angetroffen werden, ausschalten; ebenso Formen, die zufällig in den Boden geraten sind. Dagegen sind echte Bodenorganismen jene Tiere, die in irgendeiner Form an der Bodenbildung beteiligt sind; ferner auch solche, die regelmäßig während ihres ganzen Lebens oder während bestimmter Entwicklungsstadien im Boden vorkommen ohne Rücksicht auf ihre Bedeutung für die Abläufe im Boden. Schwierig ist auch die Einordnung der Fauna der Bodenoberfläche. Während eine Zuordnung der Tiere der Streuschicht zum Edaphon kaum diskutiert wird, gibt es hinsichtlich der Oberflächenfauna verschiedene Meinungen. Es bestehen aber in bewachsenen Böden mikroklimatisch keine wesentlichen Unterschiede zwischen Oberfläche und Förna, und die hier lebende Fauna steht in dauerndem Kontakt und Austausch, so daß wir die Oberflächenfauna des Bodens ins Edaphon einbeziehen. Dagegen gehört die Fauna der Krautschicht nicht mehr zum Edaphon. Gewöhnlich benutzt man folgende Einteilung der in Frage kommenden Tiergruppen nach den parallel laufenden Schichtfolgen des Bodens, wobei im Einzelfall die Stellung einer Art durchaus problematisch sein kann:

„Atmobios“: Makrophytenfauna; Bewohner der Krautschicht; zählen nicht mehr zum eigentlichen Edaphon.

„Hemiedaphon“: Tiere der obersten Bodenschichten, die z. T. aber auch epigäisch (aber stets in Bodennähe) leben können.

„Euedaphon“: Echte hypogäische Bodentiere, die normalerweise nie an die Bodenoberfläche kommen.

Tabelle 5: Besatzdichte und Biomasse der Bodenorganismen in der obersten 15 cm dicken Schicht eines durchschnittlich fruchtbaren Ackerbodens (nach STÖCKLI, 1958)

	Individuenzahl	Biomasse in kg/ha
A. Mikroflora	pro g	
Algen	100000	139
Bakterien	600000000	10080
Pilze	400000	10000
	600500000	20219
B. Mikrofauna	pro dm³	
Amoeben, Flagellaten, Ciliaten	1551000000	379
C. Metazoen	pro dm³	
Mollusken	5	40
Nematoden	50000	50
Enchytraeiden	20	15
Lumbriciden	3	4000
Myriopoden	14	50
Proturen, Dipluren	4	0,1
Collembolen	220	6,5
Milben	150	4,4
Spinnen	5	15
andere Arthropoden	1	2
andere Tiere	1	1
	50423	4184
	pro m²	
Engerlinge	40–60	300
Drahtwürmer	100–120	50
Schnecken	30–50	200
Erdraupen	20–30	125
Maulwurfsgrillen	1	20
	190–260	695

Eine Sonderform bildet noch das „Hygrophile Hemiedaphon“, zu dem Tiere der Wasseroberfläche bzw. sehr feuchter Umgebung gerechnet werden, aber auch epigäische Arten mit besonderen Anpassungen an das Wasserleben.

Einen Eindruck von der Häufigkeit der wichtigsten Bodentiere soll die Tab. 5 vermitteln. Nach ELTONS Zahlenpyramide stehen in einem Ökosystem Siedlungsdichte und Größe der Tiere im umgekehrten Verhältnis zueinander. Teilweise handelt es sich dabei um kaum vorstellbare Individuenmengen, die auf kleinstem Raum zusammenleben. Solche Zahlenangaben und Vergleiche sind nötig, um Rolle und Leistungen des tierischen Lebens im Boden annähernd abschätzen zu können. Die angegebenen Zahlen gelten nur größenordnungsmäßig und sind großen Schwankungen unterworfen. Hinzu kommen noch zahlreiche methodische Fehler, die die Zahlenwerte verfälschen können. Die Gesamtmasse der in 1 dm^3 enthaltenen Tiermasse wird nach GISIN (1947) auf 5 g geschätzt, was etwa dem vierten Teil der im gleichen Bodenvolumen enthaltenen Bakterien und Pilze entsprechen soll. Die Höhe des Tierbesatzes steht in Beziehung zur Aktivität bodenbiologischer Prozesse bzw. des Bodenlebens überhaupt. FRANZ (1950) hat daraus den Schluß gezogen, daß es möglich sein müßte, allein auf Grundlage des quantitativen Vergleichs der Besiedlungsdichten von Bodentieren eine Bonitierung des Bodens vorzunehmen. Das Ergebnis ist in Tab. 6 zusammengestellt. Es zeigt eine gute Übereinstimmung der Schätzwerte aus physikalisch-chemischen Bodenanalysen mit denen der quantitativ-biologischen Untersuchung.

Wie sich aus der Tabelle und weiteren Vergleichsuntersuchungen ergab, war die Übereinstimmung besonders gut bei mittelschweren Böden, während bei schweren Böden die biologischen Zahlen niedrigere, bei leichten Böden aber höhere Werte ergaben, als nach der amtlichen Schätzung zu erwarten war.

Tabelle 6: Gegenüberstellung der Besatzdichte mit Kleintieren in einigen Grünlandböden des steirischen Ennstales in 600—700 m Höhe im Sommer 1948 (aus FRANZ, 1950)

Bodenart:	Graue Aueböden		Braune Aueböden			
Wertzahl auf Grund der Bodenschätzung	54	22	56	39	50	27
	Tiermengen auf 1 m² Bodenfläche in 0—4 cm					
Nematoden	1245000	391100	1794300	1067600	460600	1072100
Enchytraeiden	4060	—	30080	10048	966	544
Lumbriciden	320	76	368	356	52	16
Myriopoden	—	—	160	96	—	—
Isopoden	—	—	—	—	—	—
Gastropoden	—	—	176	32	—	144
Milben	6056	151	9235	1287	2422	n. b.
Collembolen	1590	1589	2725	908	4996	n. b.
Spinnen	96	—	32	—	—	—
Fliegenlarven	379	151	64	128	304	208
Käferlarven	128	—	144	128	227	128
Käfer	75	—	—	76	—	16
	Tiermengen auf 1 m² Bodenfläche in 5—9 cm					
Nematoden	2364677	48705	2304000	—	469200	2109300
Enchytraeiden	1376	—	4496	2528	48	64
Lumbriciden	112	—	64	128	—	—
Myriopoden	—	—	76	32	—	—
Milben	681	76	151	56	151	n. n.
Collembolen	151	76	1665	303	379	n. b.
Fliegenlarven	304	—	—	64	76	—
Käferlarven	16	—	64	48	76	16
Käfer	—	—	—	16	—	—

n. b. = nicht bestimmt.

In leichten und warmen Böden ist offenbar die Organismentätigkeit günstiger, als nach der Bodenschätzung zu erwarten war, während sie in extrem schweren und kalten Tonböden ebener Lage (z. B. in der Tabelle mit Bodenwertzahl 50) wesentlich geringer ist als angenommen werden konnte. Ein Vergleich mit den klimatischen Verhältnissen der Untersuchungsperiode ergab, daß hier in dem schweren, wenig wasserdurchlässigen und kalten Boden sich ein Überschuß an Feuchtigkeit und verhältnismäßig niedrige Durchschnittstemperaturen negativ ausgewirkt hatten. „Daraus erklärt sich, daß leichte und warme Böden im steirischen Ennsgebiet bei acker- und gartenbaulicher Nutzung in Normaljahren höhere Erträge liefern als schwere und kältere Böden und daß ausgesprochen schwere Böden ausschließlich als Grünland zufriedenstellende Ernten erbringen" Franz, 1950).

Das Beispiel zeigt, daß die Ergebnisse der amtlichen Bodenschätzung und die biologische Bodenuntersuchung sich in wertvoller Weise ergänzen und korrigieren können und daß Besatzdichte und Höhe der Bodenwertzahl nicht einfach parallel laufen. Die Schlußfolgerung: Hoher Tierbestand = gute Bodenqualität gilt nur, wenn verwandte Böden miteinander verglichen werden. Ein Vergleich von Zahlenangaben verschiedener Autoren hat wegen vieler Fehlerquellen nur einen bedingten Wert. Er gilt nur größenordnungsmäßig und unter Einschaltung bestimmter Einschränkungen. Die Ursache dafür liegt in natürlichen und technischen Gründen: 1. Die Dichtezahlen schwanken im Jahresablauf unter dem Einfluß äußerer und innerer Faktoren, d. h. es muß der Zeitpunkt der Probenahmen vergleichbar sein. 2. Die Verschiedenheit der mikroklimatischen Bedingungen erzeugt bei vielen Formen ein mosaikartiges oder kolonieweises Auftreten im Boden — es muß also auch die Art der Probenahme vergleichbar sein. 3. Der phänologische Ablauf der Dichtezahlen ist durch Witterungsschwankungen stark beeinflußt — auch die geographische Lage, das Großklima und der zum Zeitpunkt der Probenahme herrschende Witterungsablauf im Versuchsjahr müssen vergleichbar sein. 4. Die angewandten Auslesemethoden sind sehr heterogen und die daraus ermittelten Werte gewöhnlich nicht miteinander vergleichbar. Beispielsweise ergeben die verschiedenen Siebemethoden auf Grundlage einer Austreibung durch Trockenheit und Beleuchtung nach dem BERLESE-TULLGREN-Prinzip Fehler von etwa 30—70% je nach Bodenart, Bodenzustand, Größe der Probe, Schichtdicke usw.; d. h., auch die Auslesemethoden müssen vergleichbar sein.

Untersuchungen haben ergeben, daß die bodenbiologische Aktivität, ausgedrückt in der Bevölkerungsdichte der Bodentiere, in folgender Reihenfolge abnimmt: Laubwald — Nadelwald — Wiese — Acker. Dabei ist der Tierbestand im wesentlichen auf die oberen 30 cm. Boden beschränkt, d. h. in unserem Gebiet etwa den A-Horizont. Die Hauptmasse der Tiere hält sich in naturgewachsenen Böden in der obersten Schicht von 0—10 cm auf, nach unten zu erfolgt dann eine schnelle Abnahme. Die Feinschichtung folgt im Einzelnen der Stärke der einzelnen Bodenschichten. Auf unseren Kulturböden wird die gleichmäßige Abnahme der Tierzahlen nach den tieferen Bodenschichten durch fortwährende Bearbeitungs- und Kulturmaßnahmen etwas verschoben. Die dauernde Bewegung, die Zerstörung und Neubildung von Hohlräumen, die mechanischen Einwirkungen und die Austrocknung der obersten Schicht machen es vielen Tieren oder auch Tiergruppen unmöglich, dort zu leben und bringen in qualitativer und quantitativer Hinsicht eine Verarmung. Die Besatzdichte verschiebt sich zugunsten tieferer Lagen, so daß die Hauptmasse der Tiere in der Schicht von 10—20 cm Tiefe lebt (EDWARDS, 1929 u. a.). Ein solcher Vergleich der Populationsdichten eines Wiesenbodens mit einem Ackerboden ist in Abb. 11 durchgeführt. Er zeigt auch, daß die Tendenz zur Abnahme der Tierbevölkerung nach der Tiefe nicht nur bei Milben und Collembolen besteht.

Berücksichtigt man bei der Tiefenschichtung einer Tiergruppe den monatlichen Verlauf derselben, so läßt sich z. B. bei Milben und Collembolen eine Vertikal-

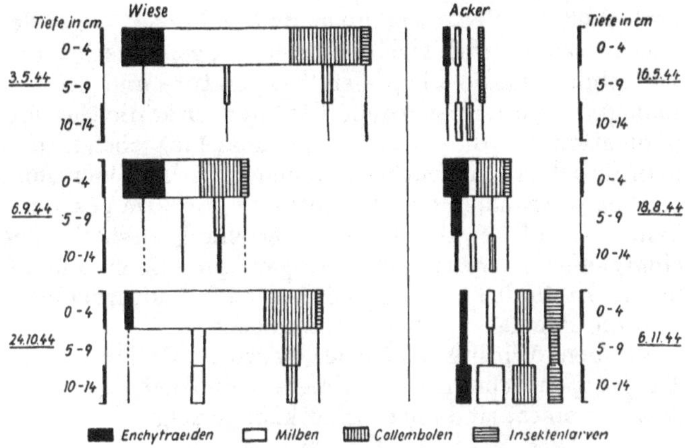

Abb. 11: Vergleich der Besiedlungsdichten verschiedener Bodentiergruppen in einer Wiese und einem benachbarten Acker (nach Zahlenangaben von BUTSCHEK, 1951)

wanderung in Abhängigkeit von Veränderungen des Milieus, z. B. während des Winterhalbjahres, nachweisen (Abb. 11). Die Abnahme der Bodentierzahlen nach der Tiefe zu braucht nicht in allen Böden gleich rasch zu erfolgen, und es zeigen sich auch Unterschiede bei den einzelnen Tiergruppen. Beispielsweise sind Bodenmilben gewöhnlich stärker nahe der Oberfläche konzentriert als Springschwänze. Enchytraeiden dringen viel weniger tief in den Boden ein als die Regenwürmer.

Phaenologie der Bodentiere

Unter „Phaenologie" verstehen wir die Abhängigkeit des Auftretens einer Tierart von der Jahreszeit (Witterung). Die Massenentwicklung der meisten Tiergruppen im Boden zeigt im Jahresverlauf in der Regel zwei ausgeprägte Maxima, eines im Frühjahr und ein weiteres im Herbst (Abb. 37). In „normalen" Jahren ist in ungestörten Böden das Frühjahrsmaximum höher als das herbstliche. Die Ausbildung und zeitliche Lage der Maxima kann durch zwei Faktorengruppen entscheidend beeinflußt sein: Verlauf der Temperatur- und Niederschlagskurven und endogene Faktoren. Für die Gesamtpopulation ist die Feuchtigkeit ausschlaggebend, und man findet in sehr feuchten Sommern deshalb kein sommerliches Absinken der Populationskurve. Im gesamten Jahresverlauf zeigt die Dichteverteilung deshalb eine eingipfelige Kurve mit einem ausgeprägten Sommermaximum. In ähnlicher Weise können auch Kulturmaßnahmen die Populationskurven verschieben.

Mit dem Einfluß endogener Faktoren ist bei einigen Tiergruppen sicherlich zu rechnen. Untersuchungen über dieses Problem sind aber bisher kaum erfolgt.

Lebensformen der Bodenfauna

Die „Lebensform", als Begriff zuerst von Raunkiaer (1907) für ökologische Anpassungstypen bei höheren Pflanzen gebraucht, gibt uns einen tieferen Einblick in die Beziehungen zwischen Form und Verhalten der Organismen und ihrer Umgebung. Die im Boden lebenden Organismen hat Francé (1912) „Edaphon" genannt. Diese Bezeichnung ist nicht nur durch die räumliche Begrenzung berechtigt, sondern die Bodenorganismen bilden auch durch ihre besondere Lebensweise und die damit verbundenen morphologisch-anatomischen und auch physiologischen Abwandlungen, die bei systematisch ganz verschiedenen Tiergruppen konvergente Erscheinungen hervorgerufen haben, einen besonderen Lebensformtypus.

Gewöhnlich werden folgende 4 ökologische Gruppen des Edaphon unterschieden (Franz, 1950):

1. „Sessiles Edaphon" — Bodenhafter. Hierher gehören u. a. die festsitzenden pflanzlichen Mikroben, die in ± großen Kolonien die Bodenhohlräume austapezieren. Tierische Organismen finden sich nur wenige darunter, z. B. einige peritriche Wimperinfusorien (Ciliaten) des Bodenwassers.

2. „Natantes Edaphon“ – Bodenschwimmer im Kapillarwasser des Bodens. Es sind kleine bis kleinste Organismen, die ständig im Bodenwasser leben, z. B. Einzeller (Protozoa), Fadenwürmer (Nematodes), Bärtierchen (Tardigrada).

3. „Serpentes Edaphon“ – Bodenkriecher, Bodenschliefer. Meist langsam kriechende Tiere der Bodenhohlräume, dabei aber mit großer Wendigkeit zur Bewegung in engen Spalten. Hierher u. a. die meisten (mit ausgebildeten Extremitäten versehenen) Gliederfüßer (Arthropoda), Ringelwürmer (Annelida).

4. „Fodentes Edaphon“ – Bodenwühler. Sie besitzen einen mehr wurmförmigen Körper für die wühlende Fortbewegung. Hierher gehören die größeren tierischen Bodenbewohner, die sich ihren Wohnraum im Boden selbst schaffen: Ringelwürmer (Lumbriciden, Enchytraeiden), grabende Insekten, verschiedene Wirbeltiere.

Sessiles und natantes Edaphon umfassen zugleich die kleinsten Bodenorganismen, Bodenwühler die größten Tiere des Edaphon. Letztere sind nicht mehr auf die Bodenhohlräume angewiesen, hätten wegen ihrer Körpergröße auch meist keinen Platz mehr in den Porenräumen. Trotzdem entspricht diese Einteilung nicht der FENTONS (1947), der die Bezeichnungen „Mikro“-, „Meso-“ und „Makrofauna“ eingeführt hat. Heute versteht man unter Mesofauna gewöhnlich die gesamte Tierwelt des durchlüfteten Lückensystems, also die Mehrzahl der nicht grabfähigen Bodentiere. Oft lassen sich bei edaphischen Tieren äußerlich keine besonderen Anpassungen an den Boden feststellen. Sie lassen aber beispielsweise in Präferenda(Wahl)-Versuchen erkennen, daß sie bestimmte physiologische Ansprüche stellen etwa hinsichtlich der Temperatur oder Feuchtigkeit.

Die folgende Darstellung von morphologischen Lebensformtypen wählt von mehreren möglichen Klassifikationen in Anlehnung an TISCHLER (1949) eine ökologische Gruppierung nach Bewegungs-, Ernährungsweisen und Aufenthalt aus. Darstellung und Beispiele sind möglichst auf solche Arten beschränkt, die bodenbiologisch bzw. produktionsbiologisch wichtigen Gruppen angehören.

Bewegungstypen: a) Sessile oder hemisessile Formen treten im Boden nur ganz vereinzelt auf. Z. B. bleiben

Wurzelläuse (Reblaus) und Blutlaus praktisch während des ganzen Lebens am gleichen Ort, obgleich sie die Möglichkeit hätten, sich fortzubewegen. Auch die Weibchen der Milbe *Pediculopsis* und einiger anderer sind sessil. Der halbsessile Nematode *Plectus cirratus* klebt durch seine Haftdrüsen an der Unterlage. Ähnliches gilt für einige Flagellaten, die sich mit ihrer Schleppgeißel an Detrituspartikel festheften. Schließlich sind echte sessile Formen die peritrichen Bodenciliaten, wie *Pyxicola affinis*, *Vaginicola doliolum*, *Vorticella microstoma* (Abb. 12).

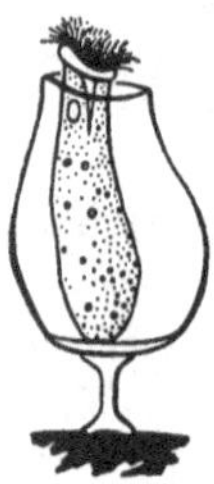

Abb. 12:
Pyxicola affinis KENT, auf einem Detritusklümpchen festsitzend. Schalenlänge 49 μ, Schalenbreite 28 μ, Länge des Stielchens 14 μ. (VARGA, 1959)

b) Schwimmende Arten sind im Bodenwasser verbreitet. Ein aktives Schwimmen ist durch verschiedene Einrichtungen möglich. Geißeltierchen (Flagellaten) benutzen dazu ihre Geißeln, Wimpertierchen (Ciliaten) und Rädertiere (Rotatorien) die Wimpern. Letztere können sich aber auch oft spannerartig fortbewegen. Bei den Nematoden wird der Körper durch Schlängelbewegungen vorwärts getrieben.

c) Fossores = grabende Tiere: „Regenwurmtyp:“ Diese Bohrgräber wühlen sich im lockeren Boden durch das Vorschieben ihres zugespitzten Vorderendes ein und erweitern für den nachfolgenden Körper durch Einpressen von Körperflüssigkeit in die Leibeshöhle des Vorderkörpers den Raum. Wird beim tieferen Eindringen in den Boden die Struktur des Bodens immer dichter und fester, so ist das nicht mehr möglich, die Regenwürmer fressen sich dann durch den Boden. Daß dabei noch weitere wichtige Prozesse ablaufen, wird an anderer Stelle behandelt. Außer den echten Regenwürmern (Lumbriciden) bewegen sich nach diesem Typ noch verschiedene bodenbewohnende Fliegenlarven (Tipuliden, Tabaniden).

In ähnlicher Weise bohren sich Drahtwürmer (Elateridenlarven) in den Boden ein. Sie drücken den Kopf mit den fest geschlossenen Mandibeln in den Boden, öffnen sie dann und schieben dadurch die Erde beiseite. In den entstehenden Spalt stößt die Larve erneut mit ihrem keilförmigen Kopf vor und gelangt dadurch langsam in die Erde.

Maikäferengerlinge und edaphische Larven der verwandten Arten der Blatthornkäfer bröckeln Erdkrümel durch bohrend – schabende Bewegungen des Kopfes ab, drehen sich dann auf den Rücken um und kleben die abgelösten Bodenteilchen an das obere Ende des Gangteiles. Dann erneutes Umdrehen usw.

Alle Bohrgräber besitzen als konvergente Anpassungen einen relativ schlanken Körper mit verjüngtem, oft besonders verstärktem bzw. chitinisiertem Vorderende. Bei den fressend-bohrenden Arten sind außerdem Augen und Extremitäten reduziert.

„Maulwurftyp": Die Vorderbeine dieser Schaufelgräber sind durch Verkürzung und schaufelartige Verbreiterungen,

Abb. 13: Vorderextremitäten von Schaufelgräbern: *A* Maulwurfsgrille-*B* Maulwurf (Skelett) (kombiniert nach WEBER und VERSLUYS aus HESSE-DOFLEIN, 1943)

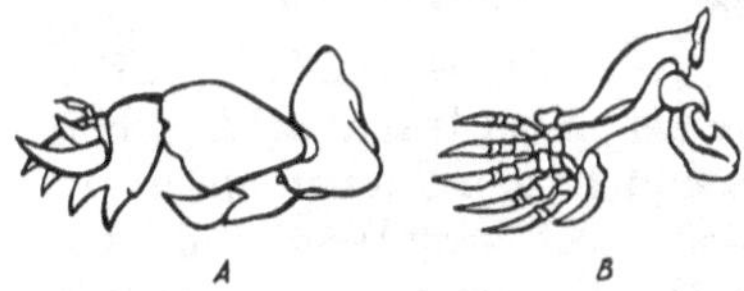

Zacken- und Dornenbildungen zu leistungsfähigen Grabwerkzeugen umgestaltet. Gleichzeitig wird ihre Beweglichkeit eingeschränkt, um die Hebelwirkung zu verstärken. Die Muskulatur ist verstärkt. Die starke Konvergenz der Grabbeine zeigt ein Vergleich der Vorderbeine von Maulwurf (*Talpa europaea*) und Maulwurfsgrille (*Gryllotalpa vulgaris*) (Abb. 13). Grabextremitäten sind weit verbreitet, wenn auch nicht in so extremer

Ausbildung, wie bei den beiden vorgenannten Arten. Gewöhnlich sind bei den Insekten nur die Tibien der Vorderbeine verbreitert und die Grabarbeit wird durch Anstemmen des Kopfes unterstützt, z. B. bei Maikäfern (*Melolontha*); Laufkäfern (*Amara*); Erdwanzen (*Cydnidae*); Mistkäfern (*Geotrupes*) u. a. (Abb. 14, 15). Vergleich-

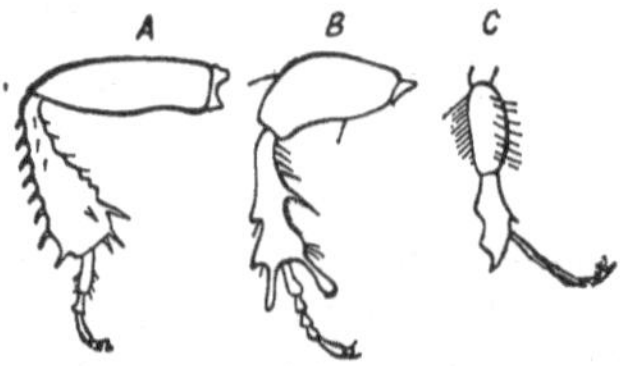

Abb. 14: Lebensformtypen: Schaufelgräber Vorderbeine A) der Erdwanze *Sehirus bicolor*; B) des Laufkäfers *Clivina fossor*; C) des Maikäfers *Melolontha vulgaris* (TISCHLER, 1949)

Abb. 15: Durch Grabarbeit abgeschliffene Vorderschienen verschiedener Arten der Wüstenkäfergattung *Gonopus* (Tenebrionide); links ein unverbrauchtes Bein (nach H. GEBIEN aus HESSE-DOFLEIN, 1943)

bare Erscheinungen gibt es auch bei Tieren, die in organischem Dung leben, wie Dungkäfer (*Aphodius*); Totengräber (*Necrophorus*).

„Grabwespentyp“: Es sind Scharrgräber, deren Lebensformtyp bei Insekten, Lurchen, Vögeln und Säugern vorkommt. Meist leben sie nicht ständig im Boden, haben aber dort ihre Wohnung. Unter den Insekten gehören z. B. hierher Grabwespen (Sphegiden), grabende Wegwespen (Pompiliden), Erdbienen (*Halictus* und *Adrena*-Arten). Sie besitzen an den zum Graben benutzten Extremitäten — gewöhnlich Vorder- oder Hinterbeine — einen Scharrkamm aus verstärkten Borsten, so daß lockerer Boden (etwa Sand) weggefegt werden kann (Abb. 16). Unter den Lurchen wühlt sich die Kreuzkröte (*Bufo calamita*) mit den hornigen Zehenspitzen aller Beine in die Erde und schleudert den Boden mit den Hinterbeinen hinaus. Auch die Uferschwalben (*Riparia riparia*) gehören hierher. Sie kratzen mit ihren Beinen bis 1 m lange Gänge in sandige Böschungen.

Unter den Säugern sind besonders typische Scharrgräber Fuchs (*Vulpes vulpes*) und Dachs (*Meles meles*), die mit den scharfen Grabkrallen ihrer Vorderbeine die Erde unterm Bauch nach hinten herauswerfen. Ferner

Abb. 16: Lebensformtypen: Scharrgräber Vorderbeine: A) der Grabwespe *Bembix rostrata*; B) der Wegwespe *Pompilus plumbeus*; C) des Sandlaufkäfers *Cicindela maritima* (TISCHLER, 1949)

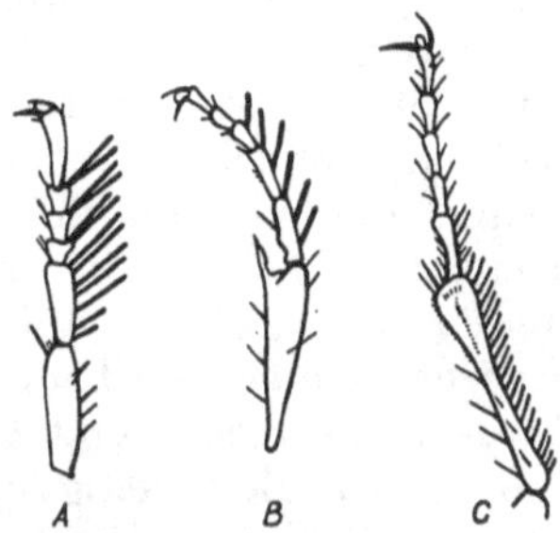

gehören Hamster, verschiedene Mäuse, Kaninchen ebenfalls in diese Gruppe.

„Ameisentyp": Diese als Mundgräber bezeichneten Tiere lösen mit ihren kräftig ausgebildeten Mundwerkzeugen (Mandibeln) Bodenteilchen heraus und tragen sie einzeln weg. Außer dem relativ großen Kopf und sehr beweglichen Prothorax zeigen sie gewöhnlich keine morphologischen Anpassungen. Unter den Arthropoden gehören die Grabwespen *Cerceris*, ferner Wildbienen und Faltenwespen ohne Scharrkamm hierzu, auch die Käfer *Bledius*, *Dyschirius*, *Broscus*, *Clivina* und *Heterocerus*, Ameisen und Tapezierspinnen (Atypidae). Unter den Säugern arbeiten Wühlmäuse (Arvicoliden) vorwiegend mit den Zähnen.

Die Käfer *Dyschirius*, *Heterocerus* u. a. besitzen daneben noch verbreiterte Vordergliedmaßen, die Tibien sind mit starken Zähnen versehen, so daß man sie zunächst für Grabextremitäten hielt. Erst durch sorgfältige Lebendbeobachtungen (BRO-LARSEN, 1936) konnte festgestellt werden, daß die Vorderbeine nur zum Anstemmen dienen. Ähnlich ist es bei den Watten-Staphyliniden *Bledius*, dessen verbreitete Vorderbeine eine Anpassung ans Wattenmilieu bedeuten; bei *Clivina* an lockeren Sand.

d) Reptantia — kriechende Tiere. „Schneckentyp“: Durch eine Kriechsohle, über die ununterbrochen Wellen von hinten nach vorn verlaufen, wird diesen Gleitkriechern eine kontinuierliche Fortbewegung ermöglicht. Schleimabsonderung unterstützt häufig noch die Fortbewegung.

Obwohl die Tausendfüßer (Diplopoden) Extremitäten besitzen, können sie ebenfalls diesem Typus hinzugerechnet werden. Ihre Beine inserieren in der Mitte unter dem Rumpf (Abb. 19B) und bilden zusammen eine bürstenförmige „Sohle“, auf der der Körper ruht. Beim Kriechen bleibt (wie bei den Schnecken) der Körper gestreckt, das rechte und linke Bein eines jeden Paares bewegt sich gleichzeitig vorwärts. Die Reihenfolge der Extremitäten ist abgestuft, so daß Bewegungswellen über die Beinreihen laufen (Abb. 17).

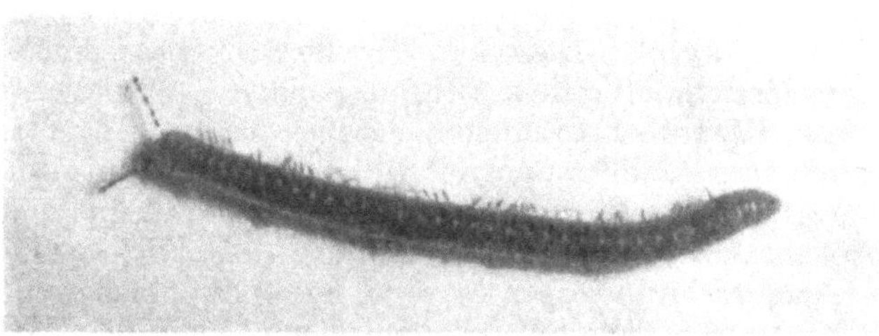

Abb. 17: Bewegungswellen beim Kriechen eines Diplopoden (*Julus* spec.)

„Nematodentyp“: Es handelt sich hierbei um eine Vorwärtsbewegung durch Schlängeln des ganzen Körpers. Die Muskulatur jeder Seite bewegt sich alternierend oder wenn Segmente vorhanden sind, in zeitlicher Reihenfolge nacheinander, so daß die Wellen von vorn nach hinten laufen, z. B. bei Ringelnatter (*Natrix natrix*), Blindschleiche (*Anguis fragilis*) u. a. Bei der Vorwärtsbewegung sind aber Stützpunkte, d. h. Unebenheiten der Unterlage nötig, weshalb diese Stemmschlängler z. B. auf einer Glasplatte kaum vorwärts kommen. Besonders wichtig ist diese Fortbewegungsweise für die Erdnematoden. Sie können sich aktiv nur krümmen, nicht strekken. Da Ringmuskeln fehlen, wirkt als Antagonist der Längsmuskeln die Muskulatur der gegenüberliegenden Körperseite, die starke, elastische Kutikula und die Körperhöhlenflüssigkeit. Zum Anstemmen des Körpers ist ein Widerlager nötig. Für die Fortbewegung ist das verzweigte Lückensystem des Bodens daher besonders geeignet.

Die Bewegungsmöglichkeiten der Nematoden sind damit abe· nicht erschöpft. STAUFFER (1924) hat im einzelnen 6 verschiedene Fortbewegungsformen bei Nematoden beschrieben.

„Spannerraupentyp": Im typischen Fall wird der Nachschieber vorgesetzt, dabei laufen Kontraktionswellen nach vorn, die Bauchfüße heben sich ab und stemmen sich weiter vorn mit ihren Borstenkränzen (Klammerfüßen) wieder fest. Die weiterlaufende Kontraktionswelle hebt den gliedmaßenlosen Mittelteil des Körpers buckelartig nach oben und zieht den Vorderkörper nach vorn. Die Brustbeine dienen dabei nur als Stützen des Vorderkörpers. Als Antagonist der Muskeln dient die Körperflüssigkeit.

Ein abgewandeltes Spannkriechen kommt auch beim Regenwurm vor. Er stemmt sich mit seinen nach rückwärts gerichte-

Abb. 18: Pilzmückenlarve mit Kriechwülsten (BRAUNS, 1954)

ten Borsten an die Unterlage und zieht sein Hinterende nach. Auch die Fortbewegung der fußlosen Insektenlarven, bestimmter Käfer und Fliegen (Madentyp), ist ein Spannkriechen. Dabei dienen meist Borsten zum Anstemmen und ersetzen gleichsam die Funktion der Brustbeine der Spannerraupen (Abb. 18).

Bei einer derartigen Fortbewegung ist die Erhöhung des Reibungswiderstandes gegenüber der Unterlage besonders wichtig und förderlich. Dementsprechend zeigen die Spannkriecher mannigfaltige Ektodermbildungen in Form von Borsten, Dornen, Schuppen und Kriechwülsten.

e) Currentia — laufende Tiere. Eine schnelle Fortbewegung erfordert die Verminderung des Reibungswiderstandes mit der Unterlage. Bei den laufenden Tieren wird das durch paarige Gliedmaßen erreicht, die den Körper vom Boden abheben. Die Funktion der Extremitäten wiederum bedingt anatomische Umgestaltungen des Körpers. Stabile Ansatzpunkte für die Bewegungsmuskulatur sind notwendig, d. h. ein festes Innen- oder Außenskelett. Laufen als Bewegungsform tritt nur bei landbewohnenden Gliederfüßern und Wirbeltieren auf.

„Chilopodentyp“: Die Extremitäten dieser Laufschlängler sind seitlich vom Körper ausgestreckt, sie dienen weniger als Hebel zur Fortbewegung als vielmehr

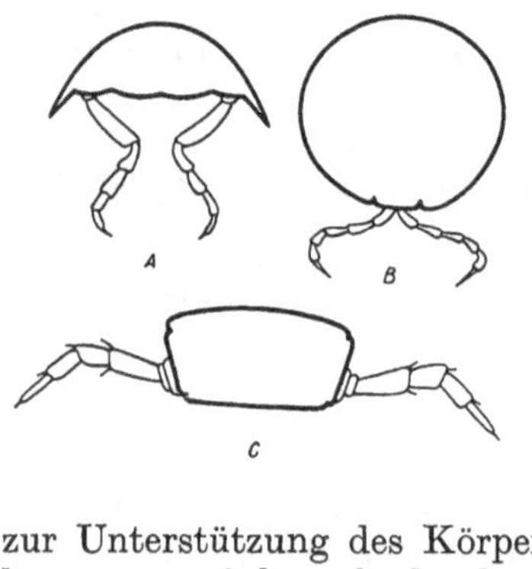

Abb. 19: Lebensformtypen: Querschnitte von A) Schreitern (Assel *Oniscus*); B) Gleitkriechern (Diplopode *Julus*); C) Laufschlänglern (Chilopode *Lithobius*) (TISCHLER, 1949)

zur Unterstützung des Körpers (Abb. 19 C). Die Fortbewegung wird noch durch wellenförmiges Schlängeln des Körpers unterstützt. Neben den Chilopoden gehören beispielsweise auch die Eidechsen hierher.

„Carabidentyp“: Die Bewegungsform dieser Tiere ist weit verbreitet; es ist ein Schreiten z. B. bei Asseln, Insekten (besonders Laufkäfern = Carabiden), Spinnentieren und Säugern. Die Gliedmaßen wirken als Hebel, die Lauffläche ist verkleinert und der Rumpf von der Unterlage abgehoben (Abb. 19 A).

f) Nitentia – kletternde Tiere. Beim Klettern liegt der unterstützende Halt nicht in Richtung der Schwerkraft unter dem Tier. Bei Bodentieren ist diese Bewegungsweise weit verbreitet, oft kombiniert mit anderen Bewegungsformen. Man kann folgende Typen unterscheiden:

„Stemmkletterer“: Klettern vor allem mit ihren scharfen und spitzen Krallen, die sie zum Halt in die Unterlage einstemmen. Springschwänze, Borstenschwänze (Thysanuren), viele Milben und Käfer gehören hierher. In manchen Fällen wird das Anstemmen noch durch andere Körperteile unterstützt, z. B. bei langgestreckten Tieren durch das Abdomen oder durch den Schwanz (Doppelschwänze = Dipluren, Borstenschwänze, Mauereidechsen); bei Collembolen durch den Ventraltubus.

„Haftkletterer“: Tarsus und Prätarsus zeigen besondere Haftapparate wie die Arolien der Thripse; die Sohlenbläschen der Schaben (*Ectobius*), die Pulvilli der Fliegen, Zikaden und vieler Milben. Ihre Adhäsionswirkung reicht bei guten Kletterern aus, um selbst an glatten Flächen hochlaufen zu können. Die Klettereigenschaften werden bei einigen Arten noch verstärkt durch Drüsensekrete. Eine gute Haftwirkung besitzen auch die bürstenartig verbreiterten Tarsenglieder mancher Insekten (z. B. Käfer); daß sie besonders oft den ♂♂ (Carabiden: z. B. *Anisodactylus*) zukommen, kann ebenfalls als Hinweis auf ihre Hafteigenschaft – in diesem Falle während der Kopulation – dienen.

g) Andantia – springende Tiere. Bei euedaphischen Tieren scheint ein Springen sinnlos wegen der engen Spalträume, in denen diese Tiere leben. Sie besitzen auch keine oder nur rudimentäre Sprungapparate. Dagegen ist bei vielen hemiedaphischen und epigäischen Tieren ein gutes Sprungvermögen vorhanden, das als Fluchtverhalten in ihrem jeweiligen Wohnbereich durchaus zweckmäßig ist.

Bei den „Beinspingern“ bekommen im einfachsten Fall die gewöhnlichen Laufextremitäten durch gleichzeitige Aktion Sprungwirkung. Meist dienen aber nur die Hinterbeine als Sprungorgane. Sie sind entsprechend verlängert und durch Muskulatur besonders verstärkt (z. B. die Hinterbeine der Erdflöhe, Heuschrecken, Springspinnen). Als Schutz vor dem Ausgleiten und zum besseren Abstemmen sind häufig noch Sporne, Dornen, Kämme oder Zapfen entwickelt (Zikaden, Blattflöhe, Düsterkäfer (Abb. 20)).

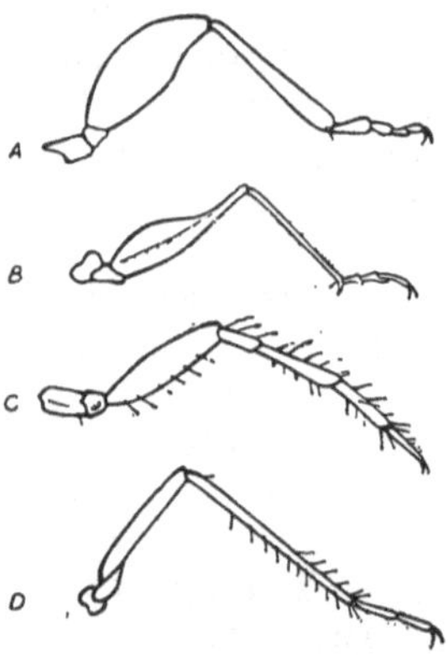

Abb. 20:
Lebensformtypen: Beinspringer Hinterbeine: A) des Erdflohkäfers *Haltica oleracea*; B) der Laubheuschrecke *Thamnotrizon cinerea*; C) der Springspinne *Aelurillus insignitus*; D) der Springwanze *Saldula saltatoria* (TISCHLER, 1949)

Das Sprunggelenk der Insekten kann an verschiedenen Stellen liegen. Bei Heuschrecken und Erdflöhen ist es das Kniegelenk, bei Schnabelkerfen das Hüftgelenk. Durch explosives Strecken desselben wird der Körper von der Unterlage abgestoßen. Zu den Beinspringern gehören auch die echten Mäuse, z. B. die Waldmaus, bei der die Hinterbeine etwas verlängert sind.

Die als „Hochschneller“ bezeichneten Formen springen ohne Mithilfe der Beine. Besonders ausgeprägt ist dieser Typ bei den Collembolen (Springschwänzen). Sie besitzen in der Regel eine Furka (Sprunggabel), die sich von umgewandelten Extremitäten ableitet (Abb. 25 A). Gewöhnlich ist sie in gespanntem Zustand an einem Hakenapparat (Tenaculum) unter dem Abdomen befestigt. Beim Abschnellen der Furka wird der Körper von der Unterlage abgestoßen und kommt damit aus der Gefahrenzone. – Die Felsenspringer (Machiliden) haben jederseits ventral griffelförmige Anhänge (Styli), mit denen sie sich ebenfalls von der Unterlage abschnellen können. Ein Hochschnellen kann auch durch plötzliche Schwerpunktsverlagerung erfolgen, z. B. bei Maden der Kohlherzdrehmücke (*Contarinia nasturtii*). Schnellkäfer (Elateriden) kommen durch Spannen bzw. plötzliches Freiwerden eines Fortsatzes der Vorderbrust, der in eine Grube der Mittelbrust einschnappt, hoch und aus der Rückenlage auf die Beine. Stachelkäfer (Mordelliden) springen mit einem zugespitzten Hinterleibsdorn und den Hinterbeinen. Eidechsen durch das Aufschlagen des Schwanzes.

Ernährungstypen: Verschiedene typische Lebensformen anderer Lebensräume fehlen den Bodentieren (Vergleiche etwa Meeresfauna und Bodenfauna). Zahlreiche Übergangsformen bedingen viele Überschneidungen.

a) Substratfresser: Hierher gehören die bodenbiologisch wichtigsten Tiere: Lumbriciden und Enchytraeiden. Sie leben im Schlamm, Sand, Humus und nehmen die Nahrung zusammen mit dem Substrat auf (Bodenfresser). Während der Darmpassage wird dann die den Bodenteilchen anhaftende Nahrung (Detritus, Bakterien u. a.) verwertet. Besondere Mundwerkzeuge fehlen.

b) Weidegänger: Es sind Pflanzenfresser mit gut ausgebildeten Kauwerkzeugen. Die Nahrung wird erst abgeschnitten, abgenagt oder abgerupft und dann möglichst fein zerkaut, zermahlen oder zerrieben, um sie besser auswerten zu können. Viele Lungenschnecken gehören hierher, die mit ihrer Radula Algenrasen, Blätter und andere Pflanzenteile abraspeln und abschaben; Heuschrecken, phytophage Käfer, Raupen, eu- und hemicephale Dipterenlarven; aber auch Kaninchen, Mäuse sowie viele saprophage Arten, die sich von Pilzrasen ernähren oder in und an Dung, in Kadavern und Detritus leben.

c) Jäger: Die Ansammlung von Organismen mit pflanzlicher Ernährung in der obersten Bodenschicht hat auch viele räuberische Arten dorthin gezogen: Spinnen, Raubmilben, Kurzflügler (Staphylinidae) und andere Käfer usw. Sie zeichnen sich aus durch Schnelligkeit und gut entwickelte, oft spitze oder dolchförmige Mundteile: Mandibeln, Cheliceren, Kieferfüße. Mit ihrer Hilfe wird die Beute gefangen, festgehalten oder zerrissen (Arten mit „stechenden Mundteilen“ werden zur nächsten Gruppe gestellt). Die Opfer werden auf verschiedene Weise überrascht, z. B. im Sprungflug: Sandlaufkäfer, Wegwespen; im Sprung: Springwanzen und Springspinnen; im schnelleren Laufen oder Schreiten: Laufkäfer, Kurzflügler, Florfliegenlarven, Raubwanzen, Hundertfüßer.

d) Stechsauger: Die Mundteile sind spezialisiert zu einem Stechapparat und saugen Blut von Wirbeltieren (z. B. Eidechsen, Maulwurf, Mäusen) oder Wirbellosen bzw. deren Larven; viele saugen an Pflanzensäften. Von den Bodentieren gehören vor allem viele Fadenwürmer und Milben hierher, auch einige Springschwänze und die Beintastler (Proturen). Bei den Pflanzensaugern enthält der Speichel vor allem Diastasen und proteolytische Enzyme, die Verfärbungen, Nekrosen oder Gallbildungen hervorrufen können. Stechsauger, die zeitlebens keine andere Nahrung aufnehmen, sind Symbiontenträger.

e) Lecker: Die Mundteile sind zungen- oder pinselartige Leckapparate, mit denen sie Flüssigkeiten oder verflüssigte Stoffe aufnehmen können. Unter den Bodentieren zählen nur einige saprophage Arten hierher, die an faulenden Kadavern oder an Kot lecken (viele Fliegen und die Schillerfalter).

f) Sammler: Von den edaphischen Tieren können wir nur einige Arten hierher rechnen. So sammelt der Hamster (*Cricetus cricetus*) in seinen Bodenhöhlen Getreidevorräte bis 10 kg. Die Schermaus (*Microtus terrestris*) häuft Wurzeln und Knollen für den Winter auf. Der Maulwurf (*Talpa europaea*) lähmt Regenwürmer durch einen Biß in das Bauchmark und bevorratet sich mit ihnen für den Winter.

g) Fallensteller: Es sind Räuber, die auf vorbeikommende Beute lauern. Sie bewegen sich gewöhnlich langsamer als die Jäger und besitzen häufig eine unauffällige Tarnfarbe (Schutzfärbung). Von den Bodentieren gehören z. B. die in ihren Bodenröhren lauernden Larven der Sandlaufkäfer (*Cicindela*) und der Ameisenlöwe (*Myrmeleon*-Larve) hierher; ebenso Netzspinnen, die am Netz auf zufällig hereinfliegende Beute lauern. Auch Arten mit bestimmten anatomischen Fangeinrichtungen könnten hier aufgeführt werden, beispielsweise Kröten mit ihrer Schleuderzunge. Bodenbiologisch spielt diese Gruppe keine große Rolle.

Anpassung an die Bodenluft

Wie bereits festgestellt, sind die Druckverhältnisse zwischen Bodenluft und Außenluft gleich. Deutliche Unterschiede zeigt die Bodenluft aber hinsichtlich ihrer Zusammensetzung, der Luftströmung und des Wassergehalts. Das hat zu interessanten physiologischen Anpassungen geführt. Die wesentlichste Einwirkung der Bodenluft geht von ihrem Gehalt an Kohlensäure aus. Bekanntlich wirken schon geringe CO_2-Konzentrationen giftig bzw. tödlich auf die Organismen. Die Kohlensäure hat also nicht nur eine Bedeutung für die chemischen Vorgänge im Boden, sondern auch eine physiologische. Für die Pflanzenzellen sind Konzentrationen unter 1% unschädlich. Bei höherer Konzentration beginnen Reizwirkungen, die sich meist als Vergiftungserscheinungen äußern. In der Natur treten Hemmungserscheinungen fast ausschließlich bei Wurzeln, Samen und Bodenorganismen auf, da die Kohlensäure nur im Boden höhere

Konzentrationen erreicht. Für die oberirdischen Pflanzenteile wirkt die Kohlensäure fast nur als Nährstoff, der durch die abbauenden Organismen wieder erneuert wird.

Pilze und Bakterien sind viel widerstandsfähiger gegen Kohlensäure als höhere Pflanzen und können dadurch sogar im Wachstum angeregt werden (nach FELLOWS, M. aus LUNDEGÅRDH, 1957).

Wahrscheinlich ist auch der starke Anstieg des CO_2-Gehaltes nach den tieferen Bodenschichten Hauptgrund für die reziproke rasche Abnahme der Bodenfauna. Die CO_2-Produktion erreicht ihren Höchstwert bei gleichzeitigem Temperatur- und Feuchtigkeitsanstieg, d. h. bei einer regeren Abbautätigkeit des organischen Materials, wie sie im Frühjahr und Herbst gegeben ist. In 12—30 cm Bodentiefe werden aber selten mehr als 20—30‰ CO_2 erreicht.

Ein Austausch der Bodenluft und damit die Beseitigung der lebensfeindlichen Kohlensäure ist notwendig. Anscheinend sind aber die Bodentiere an diese Luftzusammensetzung dadurch angepaßt, daß sie den Sauerstoff noch bis zu sehr niedrigen Prozentsätzen O_2 in der Bodenluft auszunutzen vermögen, einige vielleicht auch fakultative Anoxybionten sind. Für Collembolen wurde das niedrige O_2-Bedürfnis von RUPPEL (1953) nachgewiesen. Eine stärkere CO_2-Konzentration wirkt auch hier tödlich. Im Experiment traten Ausfallerscheinungen schon bei 1—2% CO_2-Gehalt der Luft ein. Interessanterweise gilt das aber nur für die Oberflächencollembolen. Der euedaphische *Onychiurus armatus* erträgt CO_2 bis 35%! Die Ausnutzbarkeit niedrigen O_2-Gehaltes ging bei *Orchesella villosa* hinab bis 1,1% O_2. Bis zu diesem Sauerstoffgehalt der Luft war diese Art noch lebensfähig. Die Empfindlichkeit gegenüber Kohlendioxyd war bei den Collembolen also schon zwischen den Oberflächenformen und den euedaphischen Arten außerordentlich verschieden. Ebensolche Unterschiede treten ganz allgemein bei Bodentieren gegenüber CO_2 auf. KUPKA und SCHAERF-

FENBERG (1947) fanden unter Versuchsbedingungen einen Abfall der Resistenz gegen CO_2 nach folgender Reihenfolge: Maikäferengerlinge (*Melolontha vulgaris*), Schnellkäferlarven (*Selatosomus aeneus*, *Agriotes obscurus*, *Lacon murinus*) – Regenwürmer (*Lumbricus terrestris* und *Eisenia foetida*) – Enchytraeiden (*Fridericia*-Arten). Auch der Maulwurf reagiert sehr empfindlich auf CO_2-Anstieg und geht bei mangelnder Ventilation zugrunde (SCHAERFFENBERG, 1941). Über den Sauerstoffverbrauch verschiedener Bodentiere gibt Tab. 7 Auskunft.

Tabelle 7: Sauerstoffverbrauch verschiedener Bodentiere, umgerechnet auf 1 g Körpergewicht pro Stunde (aus KÜHNELT, 1950 und RUPPEL, 1953)

Monhystera vulgaris	1440 mm^3
Plectus granulosus	1130 mm^3
Mononchus macrostoma	1010 mm^3
Tripyla setifera	950 mm^3
Dorylaimus carteri	840 mm^3
Dorylaimus obtusicaudatus	670 mm^3
Orchesella villosa	276 mm^3
Gryllotalpa vulgaris	53 mm^3
Enchytraeiden	50 mm^3
Lumbricus terrestris	36,6 mm^3
Eisenia foetida	23,3 mm^3
Elateridenlarven	22,0 mm^3
Engerlinge (*Melolontha*)	12,6 mm^3

Normalerweise, zumal in Kulturböden, überwiegen die aeroben Vorgänge (KOEPF, 1954).

Anaerobe Bodentiere sind nach unserem bisherigen Wissen relativ selten. Sie sind auch nur dort zu erwarten, wo an geeigneten Stellen organisches Material unter günstigen Umständen einer stürmischen Zersetzung unterworfen wird, in heiß gärenden Substanzen, also etwa an Kadavern, in Stapelmist, bei Kompostierung. Bei edaphischen Tieren sind demnach folgende Anpassungen an die Bodenluft möglich:

1. Größere Widerstandskraft gegen CO_2-Einwirkung
2. Stärkere Ausnutzbarkeit auch niedriger O_2-Mengen
3. Anaerobe Atmung.

Bei den Bodentieren hat sich nicht nur die Tendenz entwickelt, dem CO_2-Gehalt zu widerstehen, bzw. seine Wirkung zu kompensieren, sondern ihn auch in spezifischer Weise auszunutzen. Die Hauptmenge der CO_2-Produktion kommt ja von den Bakterien, sie ist ein Zeichen ihrer Stoffwechselaktivität und damit ein Hinweis für die Anwesenheit von sich zersetzender organischer Substanz. Für Bakterien oder organische Abfallstoffe fressende Tiere ist der Entstehungsort größerer CO_2-Mengen also gleichbedeutend mit einer Nahrungsquelle. Tiere, die sich nach dem CO_2-Gefälle orientieren könnten, würden auf diese Weise zur Nahrungsquelle finden. Es liegen erst ganz wenig Untersuchungen in dieser Richtung vor. Aber nach den Angaben von KLINGLER (1958, 1959) ist eine Orientierung verschiedener Bodentiere nach dem CO_2-Gradienten möglich. KLINGLER folgert auf Grund seiner Versuche mit Käferlarven von *Otiorrhynchus sulcatus* (Rüsselkäfer), *Agriotes* (Schnellkäfer), *Melolontha*

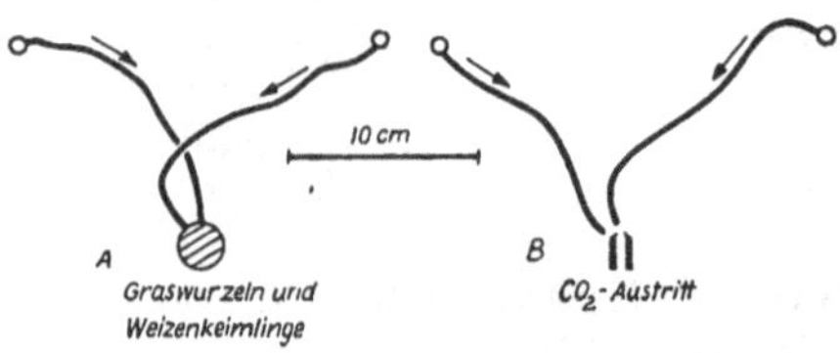

Abb. 21: A) Orientierung von Engerlingen (*Melolontha vulgaris*) zwischen Glasplatten. Anziehung durch Graswurzeln und Weizenkeimlinge; B) Anziehung der Engerlinge durch CO_2 (verändert nach KLINGLER, 1957)

vulgaris (Maikäfer); Nematoden und Collembolen, daß ein CO_2-Gefälle der unspezifischen Fernorientierung dient (Abb. 21). Gerichtete, positiv chemotaktische Reaktionen traten bei Käferlarven unter Versuchsbedingungen noch bei CO_2-Differenzen von 0,1 Vol.% auf 10 cm Distanz auf. Abstoßung begann bei Konzentrationen ab 3,5 bis 6,5 Vol.%. Es wäre denkbar, daß dem Kohlendioxyd auch für andere Bodenorganismen eine grundsätzliche Bedeutung für die Orientierung zukommt. So konnte JENNINGS (1906) bereits zeigen, daß CO_2 positiv chemotaktisch auf Infusorien (*Paramaecium* spec.) wirkt (zit. nach KLINGLER, 1957).

Die Wirkung des CO_2 als Orientierungsfaktor wird neuerdings von MOURSI (1962) angezweifelt. Er fand bei den bodenbewohnenden *Onychiurus armatus* (Springschwanz) und *Holoparasitus calcaratus* (Raubmilbe) zwar eine Anlockung durch CO_2, aber auch durch N_2. Dagegen zeigten die Hornmilben *Damaeus onustus, Carabodes femoralis, Achipteria coleoptrata* und *Xenillus tegeocranus* negativ chemotaktische Reaktion und bei *Phthiracarus ligneus* war die Reaktion nicht eindeutig (jeweils bei Konzentrationen von 4,2; 2,3 und 0,8 ml CO_2/h). Versuche mit vergleichbarer Konzentration von N_2 ergaben dasselbe Verhalten der genannten Tiere. MOURSI folgert aus seinen Versuchsergebnissen, daß nicht eigentlich die genannten Gase diese Wirkung direkt ausüben, sondern daß die durch ihre steigende Konzentration bewirkte Herabsetzung des Sauerstoffgehaltes der Bodenluft der ausschlaggebende Faktor für die Anlockung von Bodentieren an Pflanzenwurzeln ist. Das würde bedeuten, daß viele luftatmende Bodentiere durch geringen O_2-Gehalt angelockt würden, sich also in einen weniger günstigen Lebensbereich hineinbegeben — was nicht sehr wahrscheinlich ist. Augenscheinlich sind hier noch weitere Untersuchungen nötig.

Anpassungen an die Feuchtigkeit

Das Fehlen einer Luftströmung läßt den Wassersättigungsgrad der Bodenluft sehr hoch steigen und hält auch die Temperatur relativ konstant. Das gilt vor allem für tiefe Bodenschichten. Die dort lebenden Bodentiere sind zarthäutig und besitzen keinen Verdunstungsschutz. Auch durch Aufnahme saftiger Nahrung können sie Wasserverluste durch Verdunstung an ihrer Körperoberfläche nicht kompensieren. Besonders empfindlich reagieren manche Urinsekten (Proturen, Campodeen, euedaphische Collembolen) und Zwergfüßer (Symphylen) (Tab. 8).

Tabelle 8: Überlebenszeiten einiger Collembolenarten bei 20 bis 22 °C und Haltung über $CaCl_2$ (= annähernd 0% rel. Luftfeuchtigkeit) (nach SCHALLER, 1951)

Isotomurus palustris	Trockenstarre nach 7—10 Minuten
Onychiurus armatus	Trockenstarre nach 7—12 Minuten
Lepidocyrtus lanuginosus	Trockenstarre nach 50—70 Minuten
Neanura muscorum	Trockenstarre nach 120 Minuten
Entomobrya multifasciata	Trockenstarre nach 4 Stunden
Xenylla maritima	Trockenstarre nach 4—5 Stunden

Anpassungen an die jeweiligen Feuchtigkeitsverhältnisse des Standortes können auch durch eine entsprechende Konzentration der Körpersäfte erreicht werden; eine hohe Säftekonzentration vermindert Wasserverluste durch Trockenheit.

Die Empfindlichkeit vieler Tiere erklärt, warum die qualitative und quantitative Zusammensetzung der Bodenfauna vor allem auf Feuchtigkeitsunterschiede zurückgeführt werden. Dementsprechend fehlen praktisch die jahreszeitlichen Unterschiede in der Fauna tieferer Bodenschichten und die Populationszahlen verlaufen in gleichmäßig feuchten Böden oder in feuchten Jahren viel ausgeglichener als in trockenen oder stärker austrocknenden Böden (FRANZ, 1941). Für den Verlauf solcher Populationskurven treten andere Faktoren in den Vordergrund, z. B. Generationsfolge, Nahrung, Raumkonkurrenz u. a. Gewöhnlich erscheint in diesem Falle nur ein Sommermaximum, wobei zu berücksichtigen ist, daß viele Larvenstadien aus dem Boden verschwunden sind und dadurch den Kurvenverlauf beeinflussen. Eine massive Wirkung der Feuchtigkeit zeigt sich bei Überschwemmungen. Das Verhalten der Tiere hängt dabei weitgehend von ihrem Lebensformtyp ab. Viele Kleinformen leben im Kapillarwasser des Bodens und können auch bei Austrocknung noch lange Zeit im „Porenwinkelwasser“ überleben, sofern sie nicht bei weiterer Austrocknung in die resistente Zystenform oder in Anabiose übergehen. Für Urtiere, Fadenwürmer, Rädertiere und Bärtierchen bedeuten Überschwemmung eine Erweiterung des Lebensraumes. Dagegen hängt das Verhalten der Feuchtlufttiere bei Überschwemmungen weitgehend von der Benetzbarkeit ihrer Oberfläche ab. Regenwürmer und manche Insektenlarven sind vollständig benetzbar und bleiben bei Überflutung im Boden. Dabei werden Arten aus Gebieten, in denen Überschwemmungen regelmäßig vorkommen, durch Wasser allein nicht oder kaum beeinträchtigt, während z. B. rein terrestrisch lebende Wurmarten der Lumbriciden und Enchytraeiden schon durch Wasser allein geschädigt werden. Sie quellen auf und sterben je nach Temperatur $\pm$ schnell ab. Niedrige Temperaturen werden hierbei besser vertragen. Im Sommer tritt Fäulnis der steifen, gequollenen Tiere im Versuch spätestens nach 6 Tagen ein, im Boden wahrscheinlich schon eher. Der Tod erfolgt bei Überschwemmungen nach SCHAERFFENBERG (1943) also nicht aus Luftmangel, sondern durch Quellungserscheinungen. KÜHNELT (1950) nennt als Vertreter der zweiten, wasserempfindlichen Gruppe die Schnellkäferlarven *Selastosomus aeneus*, *Corymbites pectinicornis*, *Agriotes obscurus* und *lineatus* ferner Maikäferengerlinge, Larven von *Anomala aenea* (Laubkäfer), Fliegenmaden von *Thereva* spec. und *Asilus* spec.

Zur ersten Gruppe gehören *Corymbites sjaelandicus* (Elateridae), der Gartenlaubkäfer *Phyllopertha horticola* und Tipulidenlarven. Nach SCHAERFFENBERG (1946) ist eine Umgewöhnung beider Gruppen innerhalb von 6 bis 8 Wochen durch Änderung ihrer Säftekonzentration möglich. Unbenetzbare Tiere bleiben bei Überschwemmung im Boden, fliehen vor dem Wasser oder erscheinen an der Wasseroberfläche und suchen das Ufer zu erreichen.

Das gilt z. B. für viele Ameisen, Käfer, verschiedene dicht behaarte Springschwänze (Collembolen) u. a. Die Zusammenballung epigäischer (und hemidaphischer) Collembolen auf inselartig aus einer überfluteten Wiese herausragenden Stellen betrug in einer Untersuchung über 100% der überschwemmten Vergleichsproben (Palissa, 1955).

Strebel (1932) fand in Laborzuchten, daß die Springschwänze *Hypogastrura* und *Tomocerus* an übermäßiger Luft- und Bodenfeuchtigkeit zugrunde gehen. Nach Frenzel (1936) wandern die größeren Collembolen, wie *Isotomurus palustris*, *Lepidocyrtus lanuginosus*, *Seira domestica* und *Tomocerus vulgaris* ans Ufer, während die echten Bodenformen wie *Onychiurus armatus*, *Friesea mirabilis*, *Folsomia quadrioculata* in luftgefüllten Kapillaren im Boden bleiben. Das ist möglich, weil bei Überschwemmungen zahlreiche Spalträume im Boden übrig bleiben, aus denen die Luft nicht entweichen kann. In diesen Luftröhrenblasen geht das Leben weiter und wahrscheinlich erfolgt von hier aus nach dem Abklingen der Überschwemmung die Neubesiedlung des Bodens, sowie auch von Eiern, die z. T. widerstandsfähig gegen Wasser sind (bzw. sich auch im Wasser weiterentwickeln können) und damit die Überschwemmung überdauern. Vielfach werden unbenetzbare Bodentiere vom Wasser überrascht, an ihrem Körper bleibt Luft hängen und sie werden in eine Luftblase eingeschlossen, die als „physikalische Kieme" wirken kann und dem eingeschlossenen Tier durch Gasaustausch mit dem umgebenden Wasser eine Atmung ermöglicht. Die Behaarung, das Anlegen der beweglichen Körperfortsätze und ein Zusammenkrümmen erleichtern die Bildung solcher Luftblasen (Abb. 22).

Man kann diese Reaktion auf eine plötzliche Überflutung bei Collembolen sehr leicht an Zuchten oder in Blumentöpfen beobachten. Beim Wässern ziehen z. B. *Tullbergia krausbaueri*, *Onychiurus* spec. plötzlich alle Körperanhänge an den Körper heran, fallen um und stellen sich tot, werden dabei oft in Luftblasen eingeschlossen und bleiben in dieser Haltung, bis das Wasser abgelaufen ist.

Praktisch dürfte ein Überleben kurzzeitiger Überschwemmungen in solchen Luftblasen in direkter Relation zur Robustheit des Tieres und damit etwa zur Körpergröße stehen. Bei kleineren Formen, z. B. vielen Collembolen, verkleben dabei aber häufig verschiedene Körperteile durch das Wasser und die Tiere sterben, weil sie

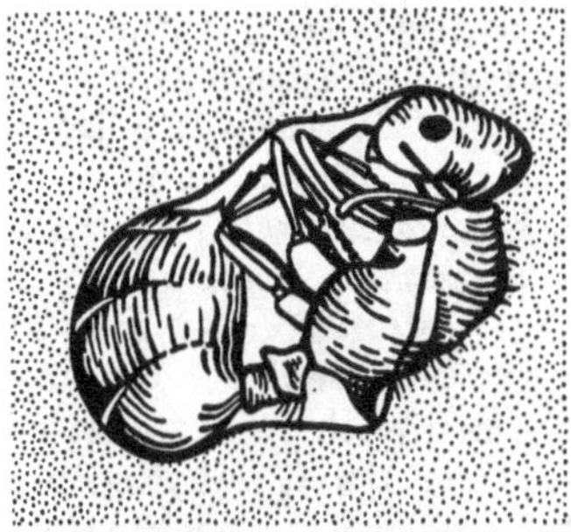

Abb. 22: *Myrmica laevinodis* zusammengekrümmt in einer Luftblase während einer Überschwemmung im Boden (nach Wittasek aus Kühnelt, 1950)

sich nicht mehr befreien können (ähnliches beobachtet man beim Festkleben der Tiere an Kondenswassertropfen im Berlesautomat). Der Tod erfolgt hier in der Regel also nicht durch Nahrungs- oder Sauerstoffmangel.

Anpassungen an die Bodentemperatur

Die Temperatur des Bodens wird hauptsächlich durch das Verhältnis zwischen Ein- und Ausstrahlung bestimmt. Dabei spielt der Wassergehalt eine große Rolle, indem feuchte Böden sich langsam erwärmen, andererseits aber auch keine schnellen Wärmeverluste erleiden.

Die Temperaturschwankungen an der Oberfläche sind viel größer als in den tieferen Bodenschichten. Bei Erwärmung im Frühjahr, aber auch am Tage entsteht ein abwärts gerichtetes Temperaturgefälle. Der nach unten gerichtete „Wärmestrom“ bewirkt eine allgemeine Temperatursteigerung. Im Herbst und während der Nacht verläuft das Temperaturgefälle in umgekehrter Richtung. Ein Temperaturausgleich zwischen den tieferen Schichten und der Oberfläche kann durch Laubschichten, eine geschlossene Vegetationsdecke oder auch durch Schneelagen verzögert werden. Dagegen verursacht Regen einen weitgehenden Temperaturausgleich zwischen allen Bodenschichten (MAIL, 1930). Im allgemeinen sind die Bodentiere gegen Temperaturschwankungen wenig empfindlich und auch niedrige Temperaturen werden gut vertragen. Ist das Gefrieren des Bodens durch frühen Schneefall verzögert, so findet noch eine rege Tätigkeit unter der Schneedecke statt. Hinzu kommt, daß viele Bodentiere in erstarrtem Zustand im gefrorenen Boden ohne Schaden überwintern können, z. B. Milben, Collembolen und viele Insektenlarven. Sie lassen sich im Boden einfrieren und nehmen nach dessen Auftauen ihre Tätigkeit wieder auf. Andere Arten, wie Regenwürmer, Asseln und manche Insektenlarven weichen im Herbst in tiefere, frostfreie Bodenschichten aus und überstehen so den Winter. Das wird dadurch begünstigt, daß der Umfang der Temperaturschwankungen im Boden mit zunehmender Tiefe schnell abnimmt. Temperaturbedingte Vertikalwanderungen sind zuerst von HOLDHAUS (1910) nachgewiesen worden. Sie kommen bei vielen Tieren der oberen Bodenschichten als Ausweichreaktion sowohl gegen zu hohe als auch gegen zu tiefe Temperaturen vor. Tab. 9 bringt eine Zusammenstellung von Milben und Collembolen aus verschiedenen Literaturangaben, bei denen Vertikalwanderungen festgestellt wurden.

Am deutlichsten ist die Verschiebung des Faunenbildes nach der Tiefe hin zu Beginn des Winters. Außer den jahreszeitlichen kommen aber auch tägliche Vertikalverschiebungen vor, z. B. in den der Sonnenstrahlung besonders ausgesetzten hochalpinen Böden (HOLDHAUS, 1910). Bei *Onychiurus armatus* und *Isotoma notabilis* konnte LEUTHOLD (1961) ebenfalls einen täglichen Rhythmus feststellen. Ähnliche Wanderungen kommen auch bei epigäischen Arten vor (MAYER, 1957).

Tabelle 9: Bodentiere, bei denen Vertikalwanderungen nachgewiesen wurden

Collembolen	Milben
Hypogastrura assimilis	*Nothrus pratensis*
Onychiurus armatus	*Steganacarus striculus*
Tullbergia krausbaueri	*Suctobelba forsslundi*
Folsomia quadrioculata	*Oribella paolii*
Proisotoma minuta	*Oribella lanceolata*
Isotomiella minor	*Nanhermannia elegantula*
Isotoma notabilis	
Pseudosinella alba	
Sphaeridia pumilis u. a.	

Neben dem Ausweichen vor ungünstiger Feuchtigkeit durch Austrocknung bzw. Einfrieren der verfügbaren Wassermengen oder ungünstiger Temperatur sind andere Anpassungsmechanismen verbreitet. Viele Käfer und andere Insekten überwintern im Boden im Diapausezustand; andere Arten überdauern den Winter im Eistadium. Z. B. sind die Sminthuriden (Kugelspringer, Springschwänze) zum großen Teil Sommertiere, die im Frühling aus dem Ei schlüpfen, im Sommer dann meist mehrere Generationen durchlaufen, deren letzte im Herbst nach Begattung und Eiablage abstirbt. Winterschläfer, wie Hamster und z. T. auch Maulwurf überdauern die kalte Jahreszeit durch Herabsetzen ihres Stoffwechsels. Sie gehen dabei zu einem wechselwarmen Leben über, wobei die Lebensprozesse verlangsamt und nur noch so weit aufrechterhalten werden, daß die Körpertemperatur nicht unter 0° absinkt.

Gegen Überhitzung sind die echten Bodentiere im allgemeinen sehr empfindlich. Dabei genügen meist Temperaturen weit unterhalb der Gerinnungstemperatur des Eiweißes, um die Tiere irreversibel zu schädigen.

Im Winter dezimiert erst strenger Frost die Fauna, wie es Franz (1941) an Grünlandböden nachweisen konnte (zit. nach Kühnelt, 1950). Im allgemeinen geht auch im Winter das Bodenleben weiter, d. h. auch der Stoffkreislauf der Biozönose erfährt keinen Stillstand.

Anpassungen an die Lichtverhältnisse im Boden

Die im Boden herrschende Finsternis hat zu Anpassungserscheinungen geführt, die denen der Höhlentiere ähnlich sind. Im nackten Boden hängt die Eindringtiefe des Lichtes von den Bodeneigenschaften selbst ab, z. B. von Korngröße und Krümelung. Genauere Untersuchungen über die Eindringtiefe des Lichtes verschiedener Wellenlänge in den Boden liegen m. W. bisher nicht vor. Nur FRANCÉ (1912) gibt an, daß die einzelnen Algengruppen des Bodens nach der Art ihres Assimilationsfarbstoffes auf verschiedene Tiefen verteilt sind. Unter den Bodentieren erweist sich das Euedaphon als ganz besonders empfindlich gegen Licht und reagiert im Versuch ausgesprochen negativ phototaktisch; dabei überwiegt allerdings die positive Hygrotaxis. Die Lichtscheu der echten Bodentiere wird bekanntlich im Berlese-Trichter zum Austreiben von Springschwänzen mit verwandt. Wirksamste Komponente des Lichtes sind die UV-Strahlen; die kaum pigmentierten echten Bodentiere, z. B. der Zwergfüßer *Scutigerella immaculata* werden schon in sehr kurzer Zeit schwer geschädigt oder getötet — ebenso z. B. auch die Bodenbakterien. Bekannt ist auch der Lichttod bei Regenwürmern, die aus O_2-Mangel nach längerem Regen den Boden verlassen und, vom Licht überrascht, absterben. Es genügt dazu einfaches Tageslicht selbst bei wolkenverhangenem Himmel. Das Licht lysiert die Körperzellen. Stärker pigmentierte Arten wie z. B. *Lumbricus terrestris* scheinen weniger empfindlich zu sein.

Es werden aber nicht nur weichhäutige Tiere wie Regenwürmer, Insektenlarven und eudaphische Springschwänze durch Licht geschädigt, sondern auch Chilopoden und verschiedene hartgepanzerte Käfer (Pselaphiden, Scydmaeniden, Clavicornier). KROGERUS (1932) konnte an Düneninsekten, nämlich dem Blumenkäfer *Anthicus bimaculatus*, der tagsüber im Sand eingegraben ist, die Wirkung verschiedener Lichtstrahlen verfolgen. Einstündige Sonnenbestrahlung wirkte tödlich!

Die Lichtempfindlichkeit scheint eine allgemeine Eigenschaft des Protoplasmas zu sein. Als Schutz können

Chitinkutikula, Hornhaut oder Hautpigmente dienen. Allen feuchthäutigen Individuen, den Höhlentieren und den echten Bodenbewohnern fehlt ein hinreichender Lichtschutz. Damit erklärt sich die Empfindlichkeit der edaphischen Tiere. Daß vielfach auch Fortpflanzung und Entwicklung, Aktivität und Verhalten stark vom Lichtfaktor abhängen, ist bekannt. Beispielsweise scheint ganz allgemein blaues und grünes Licht entwicklungshemmend zu wirken, langwelliges rotes dagegen ent-

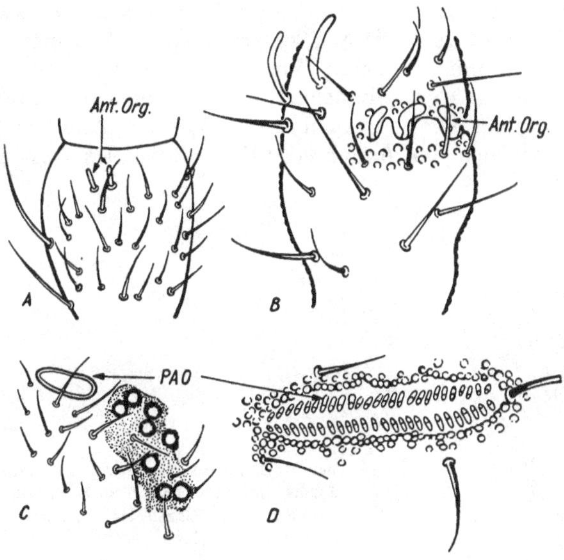

Abb. 23: Sinnesorgane bei Collembolen (A; C epigäisch bis hemiedaphisch, B; D euedaphisch), stark vergrößert.
Antennalorgan von A) *Proisotoma schötti*; B) *Tullbergia quadrispina*. Postantennalorgan (PAO) von C) *Proisotoma minuta*; D) *Tullbergia krausbaueri*.

wicklungsfördernd. Bei Bodeninsekten wird der Lichtmangel durch morphologische Differenzierungen bestimmter Sinnesorgane ausgeglichen. Die antennalen Sinnesorgane und das Postantennalorgan der Collembolen sind bei den Oberflächenformen einfach, bei den edaphischen kompliziert gebaut (Abb. 23); die 8 + 8 Ommen der epigäischen Arten werden reduziert oder fehlen ganz bei Tiefenformen. Die Tendenz zur Rückbildung der Augen kann schon innerhalb einer Art (z. B. *Hypogastrura cavicola*) auftreten. Die Anpassungen an das Dunkelleben sind besonders demonstrativ bei Collembolen; Augenrückbildungen auch bekannt von zahlreichen blinden bodenbewohnenden Käfern (Silphiden, *Lepitinus, Langelandia, Annomatus, Troglorhynchus*), bei der blinden Bodenschnecke *Caecilioides acicula* und beim Maulwurf (*Talpa europaea*). Hinzu kommen ganze Gruppen von Bodenbewohnern, deren Vertreter durchweg augenlos sind: Nematoden, Oligochaeten, Gamasiden, Oribatiden, Symphylen, Proturen, Dipluren. Weitere Anpassungen als Ausgleich der Augenreduktion bilden das Auftreten

Abb. 24: Bein I (Tastbein) von *Platyseius montanus*; Tarsus mit Sinneshaaren und Sinneskolben, Praetarsus mit Klauen stark reduziert (umgezeichnet nach KARG, 1961)

von langen Tastborsten auf der Körperoberfläche, den Antennen oder den Beinen (z. B. bei Milben, Collembolen u. a.) (Abb. 24). Die Tiere sind auch stark thigmotaktisch. Bei den fühlerlosen Proturen (Beintastler) übernehmen die Vorderbeine die Tastfunktion, sie werden dazu fühlerartig über dem Kopf nach vorn getragen und sind zusätzlich mit zahlreichen Sinneshaaren ausgestattet. Ähnliches gilt für das Vorderbein der Bodenmilben.

Anpassungen an das Porenvolumen

Die Mikrokavernen des Bodens sind sehr vielgestaltig. In den mit Wasser gefüllten Hohlräumen und Kapillaren lebt die „Wasserfauna des Bodens", Einzeller (Flagellaten, Rhizopoden, Ciliaten), bdelloide Rädertiere, Fadenwürmer und einige weitere kleinere Tiergruppen. Meist sind es Formen mit weiter ökologischer Valenz; sie kommen auch in Kleingewässern vor, erreichen im Boden aber nur eine sehr viel geringere Körpergröße. Die abgeflachte Form vieler Protozoen ermöglicht es manchen *Difflugia*-Arten (Amöben) und vielen Ciliaten (Wimpertierchen), sich noch in flachen Wasserhäutchen, Wasserüberzügen von Bodenteilchen und Pflanzen fortzubewegen. Eine besondere Anpassung an das Lückensystem des Bodens ist die typische Fortbewegung der Fadenwürmer (Nematodes) (s. S. 42). Dagegen lassen sich keine einfachen Beziehungen zwischen der Größe der Poren und der Größe der Erdnematoden aufzeigen.

Die Tiere der luftgefüllten Bodenspalten sind sehr verschiedenartig gestaltet. So besitzen die kleineren von ihnen oft mehr Kugelform, z. B. unter den Milben die Oribatidengattung *Oppia*, die Käfer *Torneuma*, die Collembolengattungen *Arrhopalites* und *Neelus*. Andere sind schildförmig, wie die Porzellioniden unter den Asseln. Die zylindrischen Typen können starr (Blindschnecke *Caecilioides acicula* und verschiedene Käfer) oder biegsam (*Campodea*, Collembolen, Staphyliniden) sein und schließlich sind auch wurmförmige Typen vorhanden, nicht nur unter den Bodenwühlern (etwa den Enchytraeiden), sondern auch unter den nicht grabenden Arten (z.B. *Tullbergia*). Es kommen also recht unterschiedliche Typen vor, doch lassen sich deutliche Beziehungen zum Aufenthaltsort feststellen. Bei den nicht grabfähigen Bodentieren läuft die Tiefenabnahme der absoluten Besiedelungsdichte parallel mit einer Abnahme ihrer Größe. Während die Oberflächenformen und die der Streuschicht relativ groß sind, überwiegen in tieferen Bodenschichten kleine Formen (Abb. 25).

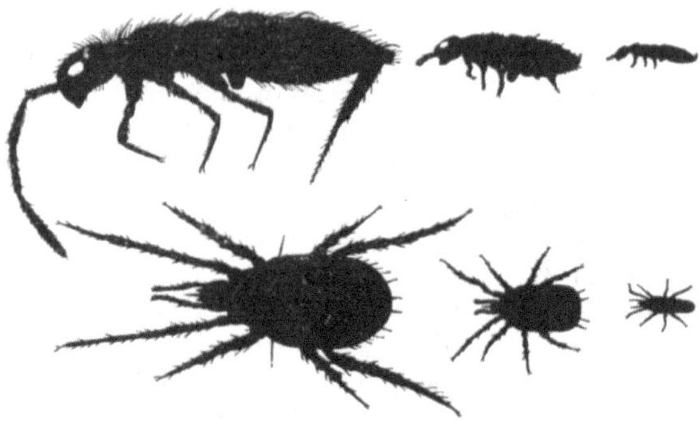

Abb. 25: Größenunterschiede bei Collembolen und Milben
A) Oberflächenschicht: *Entomobrya, Veigaia*; B) Förna (Hemiedaphon): *Hypogastrura, Dendrolaelaps*; C) Tiefenschicht (Euedaphon): *Tullbergia, Rhodacarellus*

Bei Milben und Collembolen ergibt das etwa folgendes Bild:

Oberfläche	mm	Förna	mm	Tiefenschicht	mm
Orchesella villosa	5	*Hypogastrura purpurescens*	2	*Tullbergia krausbaueri*	0,75
Euzetes seminulum	1,35	*Hermannia gibba*	0,9	*Metabelba pulverulenta*	0,36
Pergamasus crassipes	1	*Veigaia nemorensis*	0,7	*Rhodacarellus silesiacus*	0,3

Für die Größenschichtung ist nicht das Gesamtvolumen der Poren, sondern seine Gestaltung maßgebend. Nach der Tiefe zu tritt eine zunehmende Bodenverdichtung auf; damit werden auch die Spalten kleiner und nur noch für winzige, ± wurmförmige Arten besiedelbar. Ähnliche Unterschiede in der Größe der Bodentiere können auch an verschiedenen Standorten auftreten und indirekt durch den Boden selbst bedingt sein. Es wurde z. B. bereits darauf hingewiesen, daß feinporige Lößböden gegenüber anderen Böden mit vergleichbarer Gesamtgröße des Porenvolumens weniger und kleinere Collembolen enthalten als vergleichbare, grobporige Böden. Auch die Milbenbevölkerung dicht lehmiger Wiesenböden besteht vor allem aus kleinen, hellen Hornmilben (Oribatiden) und kleinen *Laelaps*- und *Parasitus*-Arten, während in lockeren Aueböden die größeren, meist stark pigmentierten Macrophylinen, *Pergamasus crassipes* und *Uropoda krameri* leben. In der Bodenstreu und den größeren Bodenspalten ist dieser Anpassungsgrad noch nicht notwendig. Hier ist sogar noch ein Sprungvermögen angebracht und wirksam, um sich nach Belieben einer Störung entziehen zu können. Besonders gilt das unter den Collembolen für die etwa zylindrischen Isotomiden und Entomobryiden, in Südeuropa auch für die flügellose Heuschreckengattung *Troglophilus*. Durch eine kugelige Gestalt werden die Fluchtsprünge noch wirksamer und so finden wir in der Streuschicht zahlreiche $\pm$ rundliche Formen. Die Hornmilbe *Zetorchestes micronychus* gehört hierher, ebenso die Sminthuriden unter den Springschwänzen; auch die Wanze *Glyptocombus saltator*, Erdflöhe (Halticinen) der Gattungen *Mniophila* und *Apteropeda* sowie die Rüsselkäfer der Gattung *Rhynchaenus*.

Wo kein Sprungvermögen entwickelt ist, da sind die Vertreter der Bodenstreu häufig durch ein Kontraktions- oder Retraktionsvermögen vor Feinden geschützt. Sie ziehen sich in ihr Gehäuse zurück oder rollen sich zusammen und fallen dabei meist noch in Spalten u. a., wodurch sie der Sicht entzogen werden. Die Oberfläche dieser Arten ist häufig mit Sonderbildungen versehen. Z. B. sind einige Schnecken der Bodenstreu und des zerfallenden Holzes behaart (*Isognomostoma*, *Helicodonta*), verschiedene Rüsselkäfer besitzen keulenförmige Borsten (*Acalles*- und *Dichotrachelus*-Arten); einige *Gervaisia*-Arten (Tausendfüßer) sind mit Kalkstäbchen bedeckt. Bezüglich dieser Sonderbildungen gehört ein Teil der Wasserfauna ebenfalls hierher, Gehäuse tragende Formen, die bei Austrocknung in den Lufträumen liegen bleiben und durch solche Stachelfortsätze vielleicht vor Verschleppung gesichert sind (Abb. 26).

Eine andere Gruppe der Streubewohner besitzt dagegen eine ganz glatte Oberfläche; das gilt z. B. für die „Doppelgänger“, die Rollasseln der Gattung *Armadillidium* und die sehr ähnlichen „Saftkugler“, Diplopoden der *Glomeris*-Verwandschaft. Oribatiden sind hier durch die Pterogasterina (z. B. *Galumna*) und die interessanten Ptyctima (z. B. *Phthiracarus*) vertreten. Erstere besitzen flügelartige, seitliche Körperanhänge (Pteromorphen), unter die die Beine bei Störung eingezogen werden, während bei den Ptyctima der kleine Vorderkörper (Propodosoma) wie ein Deckelchen auf das Hysterosoma und die eingezogenen Beine geklappt werden kann.

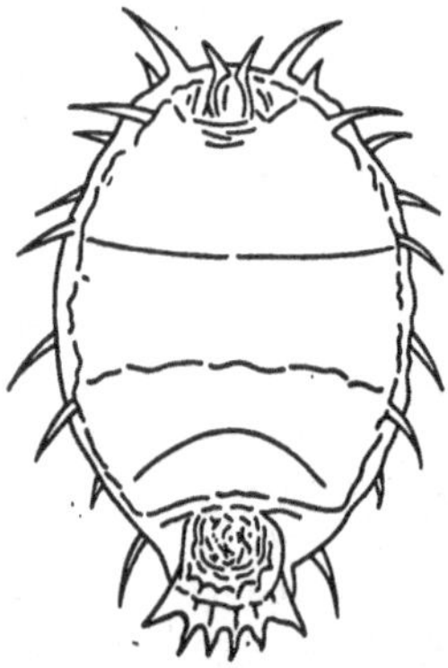

Abb. 26: *Macrotrachela multispinosa* THOMPSON (Rotator) Ventralseite, charakteristisch zusammengezogen in Trockenstarre (VARGA, 1959)

An die flachen Spalten zwischen abgefallenem Laub oder unter der Rinde von Baumstümpfen sind zahlreiche Arten durch ihre dorsiventral abgeplattete Form angepaßt, z. B. Asseln, manche Käferlarven (*Pyrochroa*, *Cucujus*, *Pytho*), unter den Käferimagines die Kurzflügler (*Platysoma*, *Hololepta*); ferner der Pinselfuß *Polyxenus lagurus*, Steinläufer (*Lithobius*) u. a. Demgegenüber besitzen die Formen der Gänge und Hohlräume gewöhnlich einen zylindrischen Querschnitt. KÜHNELT (1950) unterscheidet hier drei verschiedene Typen: Der „Ameisentyp“ besitzt etwa hantelförmige Gestalt mit einem meist biegsamen Gelenk in der Mitte. Außer unter den flügellosen Hautflüglern (Mutilliden, Ichneumoniden, Braconiden) finden sich solche Formen bei vielen Spinnen der Laubstreu und einigen Käfern (Pselaphiden und Scydmaeniden). Der „Campodea-Typus" zeichnet sich durch besonders große Biegsamkeit des Körpers aus. Dadurch können sich Doppelschwänze (*Campodea*), Ohrwürmer (*Forficula auricularia*), Kurzflügler und viele Käferlarven noch durch enge, gekrümmte Spalten hindurchzwängen. Zum „Wurmtypus" rechnen außer den in Laubstreu lebenden Lumbriciden (z. B. *Eisenia*, *Bimastus*) und Enchytraeiden viele Insektenlarven (terrestrische Chironomiden und andere Fliegenlarven) und die meisten Tausendfüßer; auch einige Springschwänze, soweit sie nicht schon zum vorhergehenden Typus zu rechnen sind. Charakteristisch für diese Gruppe ist ihre beträchtliche Körperlänge und das Zurücktreten der Extremitäten.

D. Die Stellung der Bodenfauna im Prozeß der Energieumlagerung

Im ungestörten Boden laufen zwei Prozesse nebeneinander ab, die Verwitterung des Gesteins und der Zerfall der organischen Reste. Der erste Vorgang wird nur wenig durch Organismen beeinflußt, der zweite in der Hauptsache durch sie bedingt. Der ganze A-Horizont in natürlich gelagerten Böden setzt sich überwiegend aus organischen Bestandteilen zusammen, z. B. den Streuschichten aus Fallaub oder Nadeln in Wäldern. Daraus folgt: Lebende Organismen liefern nicht nur das Rohmaterial für den Humifizierungsprozeß, sondern sie selbst bewirken auch seinen Ablauf! Den Anteil der Tierwelt an diesen Vorgängen darzustellen, ist wichtigste Aufgabe dieser Arbeit. Die Humifizierung besteht in einer stufenweisen Umwandlung des organischen Bestandsabfalls durch Organismen zu nicht mehr weiter zersetzbarem organischem Material, einhergehend mit einer Anreicherung von Huminstoffen (unter Aufnahme von Stickstoff) und einer zunehmenden Freimachung von Mineralstoffen für die Pflanzenernährung. Die hochmolekularen organischen Humusstoffe dienen nicht als Pflanzennährstoff, verbessern aber durch ihre günstigen physikalischen Eigenschaften die Bodenqualität entscheidend, außerdem wird der Stickstoff beim langsamen Humusabbau wieder mineralisiert, bildet also eine stetige Stickstoffquelle. Der ganze Prozeß ist in einen Kreislauf einbezogen, an dem nach einer groben Einteilung folgende Organismengruppen beteiligt sind:

Produzenten — das sind autotrophe Organismen, d. h. im wesentlichen grüne Pflanzen

Konsumenten — vor allem Tiere, deren Hauptleistung die Zerkleinerung der organischen Substanzen ist

Reduzenten — vorwiegend Bakterien, aber auch einige Tiere mit hoher Humifizierungsleistung.

Die Grenzen zwischen den einzelnen Gruppen sind nicht scharf, und es kommen vielerlei Übergänge und Ausnahmen vor. Alle drei Gruppen sind durch bestimmte Abhängigkeitsbeziehungen miteinander verbunden. In der Regel folgen sie auch zeitlich in gleicher Reihenfolge aufeinander. Solche gesetzmäßig aufeinanderfolgenden, charakteristischen Organismengruppen, „Sukzessionen", sind eng an bestimmte Zersetzungsphasen geknüpft, bilden gleichsam aufeinanderfolgende Fraktionen einer zeitlich begrenzten Biozönose. Die Rolle der pflanzlichen Organismen im Stoffhaushalt des Bodens und insbesondere die der pflanzlichen Mikroorganismen ist seit langem allgemein bekannt. Dagegen hat man unter den Tieren noch bis vor kurzem lediglich den Regenwürmern eine ähnliche Bedeutung zugebilligt, während die Rolle der übrigen Tiergruppen unterschätzt worden ist. Die Leistungen der am Zersetzungsprozeß beteiligten Fauna liegen in ihrer chemischen, physikalischen und biologischen Wirksamkeit. Diese drei Wirkungen stehen miteinander in Wechselbeziehung und bedingen einander zum Teil. Eine Abschätzung der Leistungen der Bodentiere ist dem Laien kaum möglich, weil die Masse der Bodentiere durch ihre Kleinheit und/oder versteckte Lebensweise dem Beschauer entzogen ist und er den angeführten Zahlen darum mit Skepsis begegnet. Daß diese Skepsis an Zahlenangaben aus anderen Gründen berechtigt ist, wurde schon betont (S. 33). Zahlenwerte stellen nur Augenblicksbilder einer kleinen Probefläche dar, die gewöhnlich nur dem Fachmann unter Berücksichtigung der gegebenen ökologischen Bedingungen etwas sagen; Durchschnittswerte solcher Zahlen können in aufeinanderfolgenden Jahren sehr stark schwanken. Auch ist wegen der sehr unterschiedlichen Größe der Tiere die Individuenzahl keine sichere Vergleichsbasis für ihr Leistungsvermögen. Die Stoffwechselleistung ist bei kleinen Tieren bezogen auf die Gewichtseinheit in der Regel größer als bei größeren Tieren, weil sie etwa parallel zur Oberfläche geht. Die Bodenzoologie hat deshalb sehr bald auch produktionsbiologische Methoden ausgearbeitet. Dabei ist eine direkte Messung der Fraßleistung oftmals nicht möglich, und man bleibt auf indirekte Methoden angewiesen, in diesem Falle z. B. auf die Messung des Sauerstoffverbrauches, der bei aeroben Tieren in direkter Beziehung zu ihrem Stoffumsatz steht.

Bisher war es nicht möglich, an einem einheitlichen Standort die Gesamtmenge des jährlich umgesetzten Bestandsabfalls experimentell zu bestimmen Es ist aber anzunehmen, daß die Größe der Zersetzungsleistung wenigstens in Laubwäldern mit Mullboden etwa der Menge der anfallenden organischen Substanz entspricht. Das ist besonders bemerkenswert, weil nach TISCHLER (1955) u. a. sich das Gewicht der gesamten Bodenfauna zu dem der vorwiegend saprophytischen Bodenmikroflora etwa wie 20:80 verhält.

Anzahl und Biomasse der Bodentiere wechseln ständig auch auf eng benachbarten Flächen. Sie werden durch ökologische Faktoren stark beeinflußt, die nach dem

Gesetz vom Minimum wirken, das in der Ökologie auch als „Wirkgesetz der Umweltfaktoren“ bekannt ist.

Bei der Diskussion der Schwankungen von Populationkurven fällt auf, daß auch bei ökologisch vergleichbaren Fällen immer wieder andere Faktoren verantwortlich gemacht werden. Trotz der üblichen Rangordnung in wichtige und weniger wichtige ökologische Faktoren kommt es dann vor, daß rangordnungsgemäß verschiedene Faktoren an verschiedenen Standorten für die gleiche Wirkung verantwortlich gemacht werden. Dies ist erklärbar durch das oben angeführte Gesetz. Der dem Pessimum jeweils am meisten genäherte Faktor bestimmt den Verlauf der Populationszahlen. Es gibt für eine Population also eigentlich keine Rangordnung der Faktoren, keinen Unterschied zwischen wichtigen und unwichtigen Wirkungen, der jeweils schwächste und für das Tier gerade noch ertragbare Faktor wirkt immer als Hauptfaktor. Eine Rangordnung verschiedener Faktoren hätte nur Sinn bei Gegenüberstellung von Biotopen vergleichbaren ökologischen Charakters.

Die Umsetzungsleistungen der Bodentiere sind sehr verschieden. Sie gehen aus von dem durch Produzenten, den sogenannten „konstruktiven Organismen“ als Bestandsabfall dargebotenen Energiepotential. Die an der stufenweisen Zersetzung des Bestandsabfalles beteiligten Biozönoseglieder teilt Balogh (1953) ein in „Konsumenten im engeren Sinne“ und „rekuperative (= energiezurückgewinnende) Organismen“. Sie bauen einen Teil der potentiellen Energie der aufgenommenen Stoffe wieder in ihren Körper ein, sind damit energiespeichernde, akkumulative Organismen und in bestimmter Weise an der „Energieströmung“ im Stoffkreislauf der organischen Substanz beteiligt (Abb. 27). Für die Abschätzung der Leistungen einer Tiergruppe ist darum die Bestimmung ihres „produktionsbiologischen Potentials“ wichtig, das definiert wird als die Gesamtmenge an Stoff oder Energie, die eine Organismengruppe in der Zeiteinheit aufnehmen kann. Die letzten Energiestufen bilden die „dekomponierenden“ Bakterien.

Die Umsetzung des Bestandsabfalls durch Bodentiere wird eingeleitet durch „Erstzersetzer“ (Primärkonsumenten). Sie nehmen unmittelbar die von den Pflanzen gebundene Energie, d. h. die abgestorbenen, aber noch weitgehend unveränderten Pflanzenteile auf. Es sind also im wesentlichen Streukonsumenten, wobei für die Besiedlung mit Kleintieren nicht die Quantität sondern die Qualität der Nahrung entscheidend ist. Das gilt auch für die „Folgezersetzer". Der von Erstzersetzern abgeschiedene Kot enthält noch zahlreiche Nährstoffe und kann

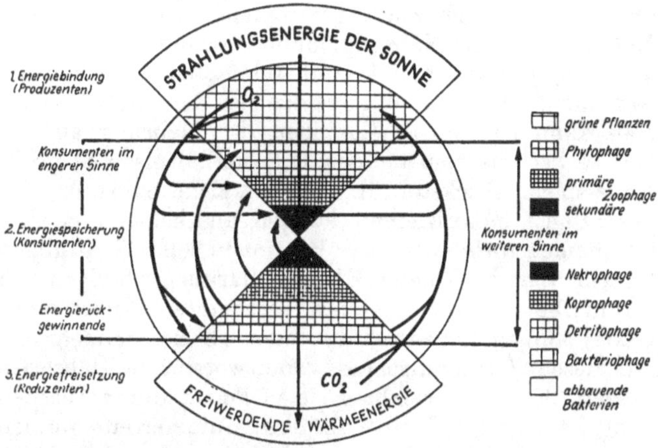

Abb. 27: Energieströmung der Ökosysteme

anderen Bodentieren wie Nematoden, Oribatiden, Collembolen und manchen Dipterenlarven als Nahrung dienen. So kommt es zu einem stufenweisen Abbau der in der Streu festgelegten Energiemenge, an der nach den Primärkonsumenten nekrophage (Leichenfresser), saprophage (Faulsubstanzen-Fresser), koprophage (Kotfresser), detritophage und bakteriophage Tiere beteiligt sind. Nach mehreren Darmpassagen durch verschiedene Tierarten bzw. Tiergruppen ist der Abbau beendet. Übrig bleiben schwer zersetzbare Humusstoffe, an deren endgültiger Bildung Bakterien die größte Rolle spielen.

Unter „Sekundärkonsumenten" sind solche zoophage Tiere zu verstehen, die die Erstzersetzer fressen. Das sind z. B. Spinnen, räuberische Tausendfüßer (*Lithobius*), verschiedene Käfer (Carabiden, Staphyliniden), Ameisen. Auch sie sind als Glieder der terrestrischen Biozönosen in die Energieströmung einbezogen und zählen zu den akkumulativen Organismen. Die Primärkonsumenten können die Zersetzung nicht über ein bestimmtes Stadium hinausführen. Die Größe ihrer Zersetzungsleistung hängt ab von der chemischen Zusammensetzung, d. h. dem Nährstoffwert der Nahrung, ihrem Geschmack, vom Grad ihrer Angreifbarkeit und damit schließlich auch von der Art und Stärke der Mundwerkzeuge der Erstzersetzer. Man kann so Beliebtheitsreihen der Nahrung aufstellen, wobei anscheinend das C:N-Verhältnis eine große Rolle spielt. Stickstoff, d. h. eiweißreiche Substanz wird bevorzugt. Modifizierend können anscheinend gewisse Geschmackstoffe wirken. Bei manchen Tiergruppen besteht aber noch keine Klarheit darüber, ob eigentlich organische Abfallstoffe eines bestimmten Zersetzungsgrades aufgenommen werden oder ob sie vielmehr die für diesen Zersetzungsgrad verantwortlichen Bakterien fressen, deren Entwicklung sie vielleicht durch Abscheidung bestimmter Sekrete fördern. Andererseits werden anscheinend viele Bakterien und Urtiere (Protozoen), die bei der Aufnahme von Detritus usw. in den Darmkanal gelangen, durch die Darmpassage nicht angegriffen. In Regenwurmexkrementen ist beispielsweise nachgewiesen, daß sie wesentlich mehr Bakterien enthalten als das Ausgangsmaterial.

Die Bedeutung der Primärkonsumenten liegt vor allem darin, daß sie die Pflanzenteile zerkleinern und bei der Darmpassage anfeuchten. Sie machen dadurch diese Stoffe für die folgenden Organismen, die ihre Losung fressen, überhaupt erst angreifbar und ermöglichen die Entwicklung der Bakterienflora. Daneben spielen gewisse Umwandlungen in Richtung auf die Humifizierung nur eine untergeordnete Rolle. Die erzielte Oberflächenvergrößerung fördert die mikrobiellen und biochemischen Prozesse und ist damit wichtigste Voraussetzung für ihren schnellen Ablauf.

Die chemischen Umsetzungen während des Aufenthaltes der Streu im Darm der Erstzersetzer betreffen im wesentlichen die leicht verdaulichen Stoffe. Kohlenhydrate (außer Zellulose), Eiweißstoffe und Fette werden schnell verarbeitet und liefern die Energie für ihre Lebenstätigkeit oder werden zu körpereigenen Substanzen umgebaut. Solche Erstzersetzer sind Landschnecken, Asseln, *Glomeris*-Arten (Tausendfüßer), manche Hornmilben und Springschwänze, verschiedene Raupen und Dipterenlarven. Die Endprodukte des Stoffwechsels werden als Wasser und Kohlendioxyd wieder abgesetzt, stickstoffhaltige Substanzen (Purinkörper, Harnstoff) verbleiben dagegen oft im Körper und werden dort gespeichert. Diese Speicherung scheint eine Eigentümlichkeit vieler Bodentiere zu sein und ist bekannt von Asseln, Tausendfüßern, Raubmilben, Springschwänzen und Schnecken. Die akkumulative Bindung von N-haltigen Stoffen im Körper kommt beim Absterben der Tiere, nach ihrem Freisetzen durch Bakterien, den Pflanzen wieder zugute.

Von den schwer angreifbaren Stoffen kann Zellulose in der Regel von Tieren nicht angegriffen werden, sie wird aber von ihnen dem bakteriellen Abbau zugänglich gemacht. Bisweilen erfolgt der Angriff bereits im Darm der Tiere durch symbiontische Bakterien.

Beim Nematoden *Rhabditis curvicaudata* ist von Reiter (1928) (zit. nach Kühnelt, 1948) eine eigentümliche „Zusammenarbeit" mit außerhalb der Fadenwürmer lebenden zellulosespaltenden Bakterien festgestellt worden. Die Nematoden nehmen die von den Bakterien erzeugten Spaltprodukte des Zelluloseabbaus sofort auf und verhindern dadurch das Einsetzen einer Gärung.

Lignin wird durch Organismen nur schwer angegriffen, durch den Tierfraß aber freigelegt und so reaktionsfähig gemacht. Sofort nach dem Absterben der Blätter beginnt durch Kondensationsvorgänge die Umwandlung der Phenol- und Chinongruppen des Lignins zu dunklen, hochmolekularen Verbindungen. Der Einbau von Ammoniak in die Ligninderivate erfolgt im Boden besonders leicht in der Nähe von Tierleichen oder in bakterienhaltigen Kotkrümeln. Die Eiweißzersetzung macht Ammoniak frei, das sonst im Boden von nitrifizierenden Bakterien weitgehend gebunden, beim Einbau in Humus aber in stabiler Form gespeichert wird und von hier aus allmählich in den Nährstoffkreislauf eintritt. Inwieweit dieser Prozeß durch die Darmpassage in verschiedenen Tieren abgewandelt oder beschleunigt wird, ist nicht genau bekannt. Er führt schließlich zum „Ligninhumus".

KÜHNELT (1948) beschreibt zwei weitere Prozesse, die humusähnliche Stoffe liefern und sich dem Ligninhumus beimischen. Aus cyclischen Resten des Eiweiß (Tyrosin, Tryptophan) bilden sich unter dem Einfluß von Fermenten in Gegenwart von Sauerstoff hochmolekulare Kondensationsprodukte als „Melaninhumus". Schließlich kann durch Einwirkung von Gerbstoffen auf Eiweißverbindungen ein hochmolekularer „Gerbstoffhumus" entstehen.

Die Humusstoffe spielen im Boden keine Rolle als Pflanzennährstoff, sondern können durch ihr Wasserhaltevermögen und ihre kolloidalen Eigenschaften die Pflanzennährstoffe absorbieren. Sie sind also wichtige Nährstoffträger. Über die Rolle der tierischen Organismen bei der Bildung von Humusstoffen sind die Meinungen geteilt. Nach neueren Untersuchungen ist sie anscheinend bisher eher überschätzt worden. Es zeigte sich nämlich, daß der Gehalt an Huminsäuren, an Kohlenstoff und Stickstoff im Kot der Bodentiere sich im allgemeinen nur wenig gegenüber der aufgenommenen Nahrung unterscheidet. DUNGER (1958, 1960) stellte bei Tausendfüßern (Diplopoden, Isopoden), Schnecken (Gastropoden) und Regenwürmern (Lumbriciden) fest, daß sie grundsätzlich gleiche Leistungen bei der Bildung von Huminstoffen im Darmtraktus aufweisen. Eine wesentliche Humifizierungsleistung tritt nur auf, wenn besonders leicht humifizierbare Substanzen vorliegen, die wahrscheinlich wenigstens stickstoffreich sein müssen

(z. B. *Sambucus nigra* mit einem C/N Quotient von 9,0 und 4,5% Stickstoff). Gewöhnlich ist aber höchstens eine geringe Humifizierung der toten organischen Substanz im Tierdarm vorhanden. Trotzdem kann die Tätigkeit der Bodentiere eine entscheidende Bedeutung für den Ablauf der Humifizierungsprozesse haben.

Von Franz und Leitenberger (1948) und anderen Autoren wird der Humifizierungsgrad durch Bodentiere viel höher eingeschätzt. Sie fanden bei Fütterungsversuchen mit verschiedenen Laub-, Nadel- und Grasarten an Diplopoden, Isopoden, Dipterenlarven, Lumbriciden und Heuschrecken einen Anstieg des Humingehaltes im Kot bis zu 40% der Ausgangssubstanzen. Nach Dunger (1958) sind diese hohen Werte durch methodische Fehler und überholte Bestimmungsmethoden zu erklären. Es scheint auch keine Spezifität in der direkten Humifizierungsleistung bestimmter Bodentiere zu geben. Mistwürmer (*Eisenia foetida*) zeigten grundsätzlich die gleichen chemischen Leistungen wie sie bei Diplopoden, Isopoden u. a. gemessen wurden. Dagegen kann der Gehalt an bestimmten Stoffen, wie z. B. Calcium oder Phosphor, während der Darmpassage stark absinken, was bei den Arthropoden durch ihren hohen Bedarf für die Inkrustierung des Hautpanzers bedingt ist.

Die geringe Ausnutzung der Nahrung erklärt auch die große quantitative Umsetzungsleistung vieler Bodentiere. Andererseits macht sie verständlich, daß die Kotballen der Erstzersetzer den Folgezersetzern noch als Nahrung dienen können. Die chemische Umwandlung des Bestandsabfalls ist vorwiegend eine Leistung der pflanzlichen Mikroorganismen, die vielleicht aber nach Franz (1956) z. T. bereits im Tierdarm beginnt. Die mechanische Vorbereitung des Substrates und Verbesserung seines Zustandes für ein intensives Angreifen durch pflanzliche Mikroorganismen obliegt den Bodentieren.

Die neben den chemischen Prozessen ablaufenden physikalischen Vorgänge während der wiederholten Darmpassagen sind nicht weniger bedeutend; nicht nur, weil die physikalischen Eigenschaften eines Stoffes sich mit seinen chemischen ebenfalls ändern und umgekehrt. Im Vordergrund stehen hier Eigenschaften, die mit der Steigerung des Wasserhaltevermögens verbunden sind. Schon durch die Zerkleinerung der Bodenstreu wird es gefördert, und bei den hochmolekularen Humusstoffen ist es besonders groß. Hinzu kommt, daß durch die Aktivität, die Zerkleinerungsleistungen der Primärkonsumenten und die wiederholten Darmpassagen in den Folgezersetzern die gleichmäßige Verteilung der organischen Substanzen sehr gefördert wird. Gleichzeitig steigt die Durchmischung der organischen Substanzen mit den Mineralbestandteilen des Bodens, da der Kot nicht nur auf der Oberfläche abgelegt wird, sondern auch in Bodenhohlräumen. Die Kotballen selbst bieten vielfach günstige Lebensbedingungen für viele pflanzliche Mikroorganismen, die bei der Kotgabe überall im Boden verbreitet werden. Eine besondere Leistung vollbringen hierbei vor allem die Regenwürmer (Lumbriciden), die mit der organischen Nahrung auch regelmäßig anorganisches Material aufnehmen und beides in ihrem Darm innig miteinander zu Ton-Humus-Komplexen vermischen. Ihre Wohnröhren sind außerdem bevorzugte Stellen für die Luft- und Wasserführung des Bodens und ermöglichen den Pflanzenwurzeln oft überhaupt erst den Zutritt zu tieferen Bodenschichten und ihren Nährstoffen. Der Boden wird nicht nur durch die Grabtätigkeit der Bodenfauna aufgelockert, sondern auch schon durch die Zerkleinerung des Bestandsabfalls. Ingesamt bedeuten die physikalischen Veränderungen eine wichtige Voraussetzung für die intensive Tätigkeit der Mikroflora. Zu den genannten Wirkungen kommen noch biologische Leistungen der Bodenorganismen. Lebendverbauung und Garebildung durch Pilzmycelien, Bakterien und Tiere gehören hierher. Aber auch die Steuerung der Zersetzung in eine bestimmte Richtung (Vertorfung, Verwesung, Humifizierung oder Rohhumusbildung) ist eine biologische Leistung, die durch bestimmte Tiersukzessionen bedingt ist und nicht allein von abiotischen Faktoren (Feuchtigkeit, Sauerstoff u. a.) abhängt. Z. B. geben Fliegenlarven an Fäulnisherden ein Sekret ab, das die

Entwicklung von Bakterien hemmt. Auch zwischen pflanzlichen und tierischen Mikroorganismen gibt es bestimmte Beziehungen, die im einzelnen noch viel zu wenig untersucht sind. Wo Schimmelpilze in größeren Mengen auftreten, werden praktisch alle Kleintiere — anscheinend außer gewissen Collembolenarten — zurückgedrängt.

Auch zwischen den Angehörigen der verschiedenen Tiergruppen gibt es erkennbare Wechselbeziehungen. In Holzstubben wird bei Anwesenheit von Ameisen gewöhnlich die übrige Fauna unterdrückt und die Zersetzung in Richtung auf einen rein mechanischen Abbau durch die Ameisen verändert. In Kuhfladen ist die Zersetzung an die Tätigkeit der Dungkäfer und größerer Insektenlarven geknüpft, die durch ihre Tätigkeit erst eine günstige Durchlüftung und durch ihre Wege geeignete Lebensräume für Fauna und Flora schaffen (SACHS, 1951). Bisweilen kommt es anscheinend auch zu einem selektiven Verzehren pflanzlicher Mikroorganismen, z. B. bestimmter Pilze und dadurch zu einer Beeinflussung der mikrobiellen Zersetzungsprozesse. Sie kann aber auch indirekt auf dem Wege über eine Änderung der Milieubedingungen erfolgen. Im Waldboden ist die Bodenfauna z. B. in der Lage, eine in Richtung Rohhumus tendierende Streuzersetzung unter vorherrschender Einwirkung von Pilzen in eine vom Forstwirt angestrebte bakterielle Richtung zu lenken, zur Bildung eines milden Humus.

Die Beziehungen zwischen Bodenfauna und Boden sind wechselseitig. Der Boden zwingt, die innewohnende Fauna zu vielseitigen Anpassungen. Andererseits verändert aber auch die Fauna selbst durch ihre Lebenstätigkeit den Boden, seine Zusammensetzung und Struktur. Ein geregelter Stoffhaushalt im Boden ist nur möglich, wenn einerseits dem Boden genügend organische Stoffe zugeführt werden und andererseits die zu seiner Aufarbeitung fähigen Organismen vorhanden sind und ihre Tätigkeit ungestört entfalten können (KÜHNELT, 1948). Fehlt eine dieser Bedingungen, so verarmt der

Boden an Nährstoffen. Kulturmaßnahmen können die Tätigkeit der Bodentiere nur bis zu einem gewissen Grade ersetzen. In extensiv genutzten Böden (Wald, Dauergrünland) muß aber der normale Organismenbestand erhalten bzw. gefördert werden, um Schäden (z. B. die „Hungerjahre“ neu angelegter Wiesen) zu vermeiden. Im einzelnen ist eine Vielzahl von Tiergruppen an den biologischen Vorgängen im Boden beteiligt. Ihre wichtigsten Vertreter werden nachfolgend näher abgehandelt.

Urtiere-Protozoa

Die Protozoen gehören zum natanten Edaphon, ihre aktiven Stadien sind an das flüssige Wasser im Boden als wichtigsten Umweltfaktor gebunden. Die Temperatur spielt für die Anwesenheit der wasserbewohnenden Mikrofauna keine große Rolle, die meisten Arten sind eurytherm. Dagegen kann sie für die Generationsfolge und damit die Massenentwicklung wichtig werden, da in normalen Grenzen eine Erhöhung der Temperatur auch eine Erhöhung der Teilungsrate infolge einer allgemeinen Erhöhung der Stoffwechselaktivität bedeutet. Ein wichtiger Faktor ist auch die Nahrung. Im wesentlichen besteht sie aus feinem organischem Detritus, aus Bakterien und auch aus Angehörigen der Mikrofauna. Neben den genannten Faktoren spielt der Sauerstoffgehalt noch eine große Rolle.

Die Protozoen bilden im Boden als „Letztzersetzer“ das Endglied beim tierischen Abbau der toten organischen Reste. Die Nahrung wird herbeigestrudelt, abgeweidet, umflossen oder bei kleinen Arten (Geißeltierchen) auch osmotisch aufgenommen.

Der Dimension des Aufenthaltsortes entspricht die Größe der Bodenprotozoen. Es sind sehr kleine Formen. Nach den meisten Literaturangaben handelt es sich um die gleichen Arten, die auch im Süßwasser oder in anderen Biotopen weit verbreitet sind; allerdings dort gewöhnlich in größeren Exemplaren.

Danach sind Bodenprotozoen keine spezifischen Bodenformen, sondern eher als Kümmerformen der Süßwasserprotozoen aufzufassen. Vielleicht sind uns aber auch die Bodenprotozoen nur noch nicht genügend bekannt, um hier wirkliche Unterschiede feststellen zu können. Bei der schnellen Generationsfolge der Protozoen wäre eigentlich die Ausbildung besonderer Bodenarten zu erwarten. Auf die Herkunft der Bodenprotozoen aus dem freien Wasser weist das Vorkommen von Meeresarten (z. B. *Cyclidium glaucoma*) im Boden hin.

Von großer Bedeutung für das Fortkommen und die Verbreitung der einzelnen Arten ist ihre Fähigkeit, Trockenperioden als Dauerstadien zu überleben. Der Grad des anabiotischen Zustandes bzw. der Enzystierung ist in sehr verschiedener Abstufung entwickelt. Der Lebensbereich der Mikrofauna im Boden umfaßt die Wasserräume der Förna und der darunterliegenden Zersetzungsschicht. Sie reicht damit im allgemeinen nicht weit in den Boden hinein. In Sandböden scheint das jedoch anders zu sein. GYURKO und VARGA (1958) fanden noch bis hinab in 60 cm Tiefe Protozoen in aktivem Zustand.

In Trockenperioden oder wenn das Wasser zu Eis gefroren ist, ruht die Lebenstätigkeit der Protozoen. Nach Durchfeuchtung werden sie aber in kurzer Zeit wieder aktiv und bleiben es, solange der Boden seine Feuchtigkeit behält. Dabei kann das Artenspektrum relativ schnell wechseln, da auch unter günstigen Lebensbedingungen viele Bodenprotozoen sich aus nicht näher bekannten Gründen nach kurzer Zeit enzystieren oder zugrunde gehen. So erklären sich auch Populationsschwankungen wie sie z. B. für den Bereich der Rhizosphaere bekannt sind. Ursache von Tagesschwankungen kann auch ein bestimmter Teilungsrythmus sein.

Im allgemeinen zeigt sich, daß die Mikrofauna (in Waldböden) im Herbst ihr Maximum erreicht.

Über die Ökologie der Protozoen und besonders der Bodenprotozoen ist nur wenig bekannt. Ihre Nahrung besteht aus sehr feinem organischem Detritus, aus Bakterien und Kleintieren (bei Räubern). Anscheinend spielt die

Qualität der Nahrung eine große Rolle für die qualitative und quantitative Verbreitung der Protozoenfauna im Boden. Über die verschiedenartige Zusammensetzung und Zersetzbarkeit des Fallaubes wäre eine Beeinflussung möglich. Varga (1959/1960) konnte auch beim Vergleich der Mikrofauna der Streuschicht verschiedener Jungwaldtypen auf Natronböden (Szikböden) mit der sehr alter Buchenwaldbestände auf Kalkstein zeigen, daß die Protozoenfauna der ersteren qualitativ und quantitativ ärmer war. Dieser Befund ist sicher nicht nur durch den Hinweis auf das dritte biozönotische Grundprinzip (Zeitfaktor) zu erklären. Dagegen scheint der Untergrund (Boden) selbst keinen größeren Einfluß auf die Zusammensetzung der Protozoenfauna auszuüben. Eine wesentliche Rolle bei der Zersetzung des organischen Bestandsabfalls kommt den Bodenprotozoen augenscheinlich nicht zu, ihre bodenbiologische Bedeutung ist aber heute noch nicht genau abzuschätzen. Durch die Anreicherung und Bindung organischer Stickstoffverbindungen in ihrem Körper bilden sie ein wichtiges Glied im organischen Stoffkreislauf. Einen Hinweis auf die Größe dieser Bindung ist die Anzahl der im Boden vorkommenden Protozoen. Varga (1959) gibt aus Buchenwäldern bis 100000 Individuen je g Boden an. Dieselbe Anzahl ergab sich in Zuckerrübenfeldern. Dabei war die absolute Individuenzahl an den Nebenwurzeln genau so groß wie im benachbarten Boden in 5 cm Abstand, allerdings in der Rhizosphaere mit einem Verhältnis von 1000 Cysten zu 99000 aktiven Protozoen, dagegen im Boden von 10000 Cysten zu 90000 aktiven Protozoen. Diese Angaben Vargas (1958) sind insofern bemerkenswert, als im allgemeinen betont wird, daß die Anzahl der Mikroorganismen innerhalb der Wurzelzone erheblich größer ist, als im umgebenden Boden. Nach Varga liegt das daran, daß solche großen Unterschiede vorwiegend aus der Rhizosphaere von Jungpflanzen angegeben wurden, bei denen die physiologische Aktivität der Wurzeln und damit auch die Ausscheidung der Wurzelsäfte besonders stark sind. Augenscheinlich üben die Wurzeln reifer Zuckerrüben einen wesentlich schwächeren Einfluß auf das Protozoenleben aus.

Schädigende Wirkungen der Protozoen durch den Verzehr von Bakterien sind nicht bekannt, dagegen scheiden die Protozoen während ihrer Lebenstätigkeit durch das pulsierende Bläschen auch Harnstoffe aus und reichern dadurch die Wurzelzone mit N-haltigen Lösungen an, was den Pflanzen zugute kommt. Eine quantitative Untersuchung dieser Verhältnisse ist bisher nicht erfolgt, wie überhaupt die Kenntnis der Lebensweisen der Bodenprotozoen der Rhizosphaere sehr unvollkommen ist. Direkte Beziehungen zu bestimmen Pflanzenarten sind anscheinend nicht vorhanden. Jedoch sollen die Protozoen durch bestimmte Wirkstoffe Samenkeimung und Wachstum der Pflanzen und Bakterien stimulieren (NICOLJUK, 1963).

Über die Wanderung von Bodenprotozoen macht BICZOK (1959) interessante Angaben. 18 cm hohe Bodenschichten wurden in etwa 1 Monat leicht durchwandert. Für die Ausbreitung dürfte aber vor allem die passive Verschleppung im Zystenstadium verantwortlich sein. Bei Neubesiedlung eines Bodens gehen die Bakterien voran, es folgen die Flagellaten und dann erst die Ciliaten (Wimpertierchen).

Eine antibiotische Wirkung zwischen Bodenpilzen und Protozoen scheint nicht zu bestehen, allenfalls gegenüber einzelnen Arten; die Gesamtzahl der Einzeller wird wenig beeinflußt. In Böden mit 75% Streptomycetenbewuchs der Mikroflora fand SZABO-MARTON (zit. nach VARGA, 1960) keine antibiotischen Wirkungen auf Flagellaten und Rhizopoden (Wurzelfüßler).

Unter den Klassen der Protozoa sind die Flagellaten (Geißeltierchen) in feuchten Böden am zahlreichsten vertreten. Sie sind die ersten tierischen Mikroorganismen, die in ausgetrockneten Bodenproben schon einige Stunden nach Wiederbefeuchtung der lufttrockenen Probe aus der Anabiose zum aktiven Leben übergehen. Ihre Größe beträgt nur 5–30 μ, sie können deshalb auch noch in kleinsten Wasserräumen leben. Fortbewegung meist schwimmend, nur einige *Monas*- und *Bodo*-Arten sind hemisessil und heften sich mit ihrer Schleppgeißel an verschiedenen Substraten an.

Von englischen Ackerböden geben CUTLER und CRUMP (1921) als häufigste Arten an: *Bodo* spec., *Oicomonas termo*, *Heteromitus* spec., *Cercomonas crassicauda* und *C. longicauda*. Die Populationszahlen in der Waldstreu verschiedener Laubwaldtypen schwanken ziemlich stark (VARGA, 1959); aber auch in ein und demselben Boden gibt es große Unterschiede. Als Nahrung der Bodenflagellaten kommen vor allem Bakterien in Frage, aber auch winzige organische Detrituspartikel und die direkte (osmotische) Aufnahme gelöster organischer Stoffe.

Unter den Waldbodenarten fand VARGA (1959) viele euryöke und saprophytische Arten, die auch im Stalldung, in Abwässern und anderen meso- bis polysaproben Lebensstätten vorkommen. Die größte Abundanz zeigte *Bodo celer* und *Monas vulgaris*. Beide sind euryök und eurytop und auch in Ackerböden verbreitet. Die Verträglichkeit der Bodenflagellaten gegenüber dem Salzgehalt des Bodens scheint recht groß zu sein. Natrium- und Magnesium-Sulphat wird von Flagellaten und Rhizopoden gut vertragen (VARGA, 1960).

Die Bedeutung der Flagellaten im Stoffkreislauf liegt wohl in der Anreicherung und Fixierung des Stickstoffes in ihrem Körper, der bei ihrem Tod verfügbar wird. Nach WAKSMAN (1930) kann Azotobacter in ihrer Gegenwart größere Mengen von Stickstoff binden als allein.

Unter den Rhizopoden (Wurzelfüßer) gehören die Amoebina (Nacktamöben) ebenfalls zu den regelmäßigen Bewohnern der oberen Bodenschichten, wenngleich ihre Anzahl zumindest in Waldböden viel geringer ist als die der Flagellaten. Am häufigsten sind die Vertreter der *Amoeba-limax*-Gruppe. Dabei scheint *Amoeba terricola* die allgemeinste Verbreitung zu besitzen. *A. fluida* ist in der Streuschicht von Waldböden die verbreitetste Art.

Während die Amoebina im allgemeinen Bakterien fressen, ist die genannte *A. terricola* nach MATTES (1924) ein Räuber, der kleinere Rhizopoden, Rotatorien und Nematoden frißt; gelegentlich soll er auch Tardigraden (Bärtierchen) überfallen.

Die Nacktamöben leben wie die beschalten Amöben (Testacea, Thecamoeba) dauernd am gleichen Substrat (Detritusklümpchen, Blattoberfläche, Steinchen u. a.). Testacea sind aber keine Bakterienfresser, sondern nehmen zerfallende organische Substanzen direkt auf. Deshalb können sie in sauren, bakterienarmen Böden außerordentlich häufig sein. Die Fülle von Thekamoebenschalen ist bekannt und charakteristisch für Rohhumusböden. Lebende Pflanzenteile werden als Nahrung verschmäht, sie dienen ihnen lediglich als Aufenthaltsort. Nur wenige Arten, wie *Nebelia* und *Difflugia* sind Räuber, die auch Tardigraden überfallen sollen. Die Artenverteilung der beschalten Amöben im Boden ist in den einzelnen Schichten anscheinend sehr unterschiedlich. Das hängt neben dem Angebot an geeigneter organischer Nahrung weitgehend von der Feuchtigkeit des Substrats ab, wenngleich sie auch eine Austrocknung des Bodens leicht vertragen. Nach VOLZ (1934) ist die Verbreitung der Thekamöben im Waldboden von seiner Struktur abhängig. In Ackerböden ist ihre Anzahl stark reduziert.

Als häufigste Formen der Buchenwaldstreu findet VARGA (1959): *Centropyxis constricta*, *Corythion dubium*, *Difflugia oblonga*, *Euglypha alveolata*, *Euglypha laevis* und *Heleopera rosea*. VOLZ (1929) gibt dagegen aus der obersten Bodenschicht eines Auewaldes mit Mullboden an: *Trinema enchelys*, *T. complanatum*, *Cryptodifflugia vulgaris* und *Euglypha laevis*.

Die Mehrzahl der beschalten Amöben ist nicht größer als 20 μ. Eine Abplattung des Körpers, wie sie z. B. bei *Arcella discoides*, *Corythion dubium*, *Difflugia lucida* und *Assulina semilunum* vorkommt, ermöglicht auch den Aufenthalt in dünnsten Wasserhäutchen (Abb. 28).

Als Feinde der beschalten Amöben gelten räuberische Ciliaten, Tardigraden und räuberische Nematoden. In leeren Testaceenschalen werden oftmals Fadenwürmer angetroffen, ohne daß bisher ganz klar ist, ob sie das lebende Tier angreifen, ausfressen und dabei in die Schale hineingelangen oder ob sie in leere Schalen eindringen.

Die Zahl der Ciliaten (Wimperinfusorien) im Boden ist sehr unterschiedlich. Sie sind mit Ausnahme der festsitzenden Peritrichen gewandte Schwimmer und brauchen in der Regel mehr flüssiges Wasser als die anderen Formen

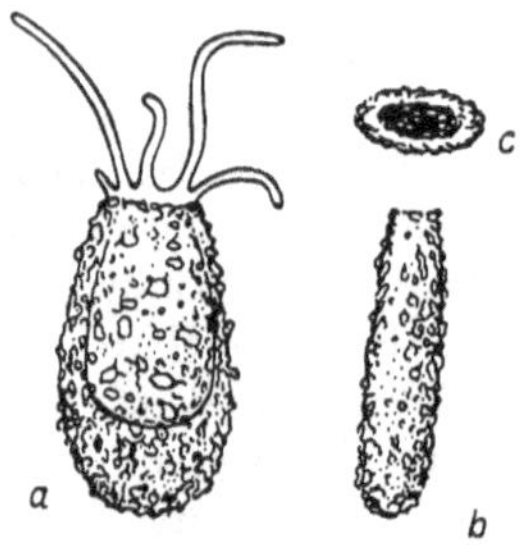

Abb. 28: *Difflugia lucida* PENARD a) in normaler Lage; b) von der Seite; c) das Pseudostom von oben gesehen (VARGA, 1960) Beachte die abgeplattete Form!

der Protozoen, da ihr Körper meist größer ist als der der Flagellaten und Rhizopoden. In stark verdichteten Böden mit geringer Porengröße fehlen sie deshalb und auch in Ackerböden treten sie stark zurück. Dagegen erreichen sie im Buchenwaldstreu laut VARGA (1959) nach den Flagellaten die höchsten Individuenzahlen. Dabei waren vor allem die Arten *Colpidium colpoda*, *Colpoda inflata* und *Cyclidium glaucoma* zahlreich. Allgemein verbreitet im Boden, wenn auch nicht überall zahlreich, scheint *Colpoda cucullus*, *C. steini* und *Colpidium colpoda* zu sein. Dabei handelt es sich jeweils um Zwergformen von im allgemeinen schon kleinen Arten. In der Streuschicht von Jungwäldern auf Natronböden (Szikböden) war *Vorticella microstoma* (Glockentierchen) am meisten verbreitet. Die bodenbewohnenden Individuen von *Colpoda steini* messen ca. 18 μ, die des Süßwassers ca. 30–60 μ.

Die Nahrung der Bodenciliaten bilden Bakterien und kleinste organische Partikel. Sie sind nach VARGA (1959) auch die Hauptverzehrer der Flagellaten. Neben Formen, die sehr beweglich sind, gibt es andere, die Detritusteilchen abweiden oder zwischen Detritusteilchen feststehend mit ihren Mundorganellen Nahrung herbeistrudeln. In ähnlicher Weise strudeln festsitzende Peritrichen, z. B. *Vorticella microstoma*, ihre Nahrung heran. Die Rolle der Ciliaten beim Abbau des toten pflanzlichen und tierischen Materials im Boden ist noch ungeklärt.

Fadenwürmer — Nematodes

Nematoden erreichen in geeigneten Böden Zahlen von 1000 bis 10000 Individuen je cm^3. Damit sind sie nach den Protozoen die individuenreichste Tiergruppe im Boden. Die größte Populationsdichte wird in der Regel in der stärker durchwurzelten obersten Schicht erreicht, d. h. etwa in den oberen 5 bis 10 cm, was vor allem mit den Nahrungsansprüchen der Nematoden zusammenhängt. Ihr Vorkommen ist aber nicht nur örtlichen, sondern auch beträchtlichen zeitlichen Schwankungen unterworfen. Abweichungen im Auftreten der Bodennematoden sind bedingt durch besondere Bodenverhältnisse, bzw. eine bestimmte Verteilung der Wurzelschicht oder des Wassers. So fand Overgaard (1949) am Ufer eines stehenden Gewässers ein Nematodenmaximum zwischen 10 und 20 cm Tiefe und ein weiteres in 50—70 cm; der Grundwasserspiegel lag hier bei 80 cm. Ähnliche Verhältnisse findet Bassus (1962) in Laubwaldböden, wo innerhalb der humosen Schichten zwei Entwicklungszentren auftreten: Eines im Vermoderungshorizont (ca. 3 cm), in dem vorwiegend Bakterien- und Detritusfresser der Rhabditidae, Teratocephalidae, Plectidae und Monohysteridae leben; das zweite Zentrum liegt in den unteren Humusschichten (ca. 8—12 cm) und enthält vorherrschend Dorylaimoidea, Criconematidae und Haplolaimoidae, die wohl in der Hauptsache von Pflanzenwurzeln leben. Von beiden Zentren nehmen die Populationszahlen nach oben und unten zu stark ab. In größere Tiefen dringen Nematoden nur noch entlang bzw. innerhalb der Wurzelzonen. In reinen Mineralböden geht die Besiedlungsdichte schlagartig zurück, sie sind als Lebensraum für Nematoden praktisch bedeutungslos. Das gilt nicht für landwirtschaftlich genutzte Flächen, wo der Boden durch Kulturmaßnahmen ständig durchmischt wird.

Gegen abiotische Umweltbedingungen scheinen die Fadenwürmer relativ unempfindlich zu sein. Mäßig bis stark saure pH-Werte beeinflussen nicht die Populationsdichte, wohl aber die Artenzusammensetzung, wahrscheinlich auf dem Umweg über die Mikroflora. Inwieweit der osmotische Wert des Substrates (OSCHE, 1952) das Vorkommen der Nematoden regelt, ist noch zu wenig untersucht. Ein Einfluß der Geländeform ist über eine Änderung der Feuchtigkeits- und Temperaturbedingungen möglich. Der Boden selbst wirkt — jedenfalls in Waldböden — nur indirekt, über das Bodenklima. Typische Nematodenlebensgemeinschaften definierter Bodenarten kommen in Waldstandorten nicht vor, Temperatur und Feuchtigkeit wirken eher populationsbegrenzend als populationsbestimmend. Dagegen soll in Ackerböden nach DEUBERT (1959) die Bodenart generell sowohl qualitativ als auch quantitativ den Nematodenbestand bestimmen, möglicherweise aber auch hier indirekt über die Wasser- und Luftführung und damit die Mikroflora und -Fauna.

Die meisten freilebenden Bodennematoden sind überwiegend euryök und eurytop. Die meisten Arten des Waldbodens sind auch in Kulturböden nachweisbar, aber Artenkombination und Zahlenverhältnisse sind verschieden. In Kulturböden weisen *Prismatolaimus*, *Monohystera*, *Rhabditis* und *Cephalobus* besonders hohe Dominanzwerte auf, während *Tylenchus* und *Wilsonema* auffallend zurücktreten. Wiesenböden bilden einen gewissen Übergang.

Aus Calluna-Heiden erhielt OVERGAARD (1949) über 800000 Individuen je m² bis zu einer Tiefe von 25 cm;

dabei machten *Tylencholaimus mirabilis* und *Dorylaimus obtusicaudatus* über 55% der Nematodenarten aus. Im Grünland ergaben sich Zahlenwerte bis zu 20 Millionen Nematoden je m^2 bis 25 cm Tiefe. Die im Boden regelmäßig angetroffenen Arten gehören alle zu den Anguilluliformes. Es kommen aber außer den Erdnematoden im Boden noch die erwachsenen Exempalre einer anderen Nematodengruppe, die Mermithiden vor. FRENZEL (1936) fand sie ziemlich häufig in Tiefen über 10 cm aufgerollt im Boden. Ihre bodenbiologische Bedeutung ist unbekannt, und sie werden im weiteren auch nicht berücksichtigt. Die Larven der Mermithiden leben parasitisch in verschiedenen Insekten, besonders in Raupen.

Bodennematoden sind Wassertiere. Gegen Austrocknung sind die Arten des freien Wassers im allgemeinen sehr empfindlich. Anders ist es bei den freilebenden Erdnematoden, die gelegentlichen oder periodischen Austrocknungen unterworfen sind. Die Nematodenfauna der Moos- und Flechtenrasen, aber auch die Bewohner der Streuschicht und der Rinderexkremente sind diesen Verhältnissen gut angepaßt und können pessimale Temperaturen oder Austrocknung durch anabiotische Zustände (Trockenstarre, Kältestarre) überleben. Bei langsamer Austrocknung werden sie sehr stark entwässert und sind in diesem Zustand ähnlich widerstandsfähig wie die anabiotischen Stadien von Bärtierchen und Rädertieren (RAHM, 1926). MENZEL (1920) konnte Bodennematoden über 2 Jahre lang in anabiotischem Zustand lufttrocken aufbewahren und durch Befeuchten dann schnell wieder zum aktiven Leben erwecken. Das Aufwachen aus der Trocken- oder Kältestarre erfolgt sehr schnell. Die Dauerlarven der Nematoden, die von Insekten verbreitet werden, sind gegen Trockenheit besonders geschützt. Auch bei ihnen sind aber nur wenige Arten, z. B. *Rhabditis coarctata*, in Form von Zysten frei an den Extremitäten des Transportwirtes festgeheftet (Abb. 29). Viel häufiger ist das Aufsuchen geschützter Stellen am Insekt, und man findet deshalb die Larven meist in den Höhlungen der

Flügeldecken, in den Intersegmentalfalten von Thorax und Abdomen, im Genitalsegment, bisweilen sogar auch im Tracheensystem.

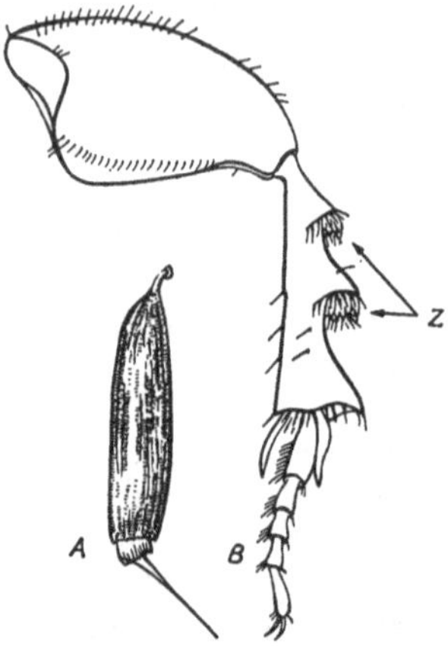

Abb. 29: Bein von *Aphodius fimetarius* (Dungkäfer) mit Zysten des Nematoden *Rhabditis coarctata* (Z). Daneben eine Zyste vergrößert

Neben dem Wasser bildet anscheinend die Nahrung den wichtigsten ökologischen Faktor für die Bodennematoden; sie wirkt artverteilend. In der Literatur werden bei den Erdnematoden mehrere Ernährungsgruppen beschrieben: Pflanzenparasiten, Semiparsiten (freilebende Formen, die mit ihrem Mundstachel wahrscheinlich Wurzeln, Pilzhyphen u. a. anstechen und aussaugen), Detritusfresser, Bakterienfresser, Saprophagen und Räuber. Die Art der Nahrung steht mit der Gestaltung bzw. Bewehrung der Mundhöhle in direktem Zusammenhang. OVERGAARD (1949) gibt die in Tab. 10 zusammengestellte Übersicht.

Die Mehrzahl aller Bodennematoden sind Bakterienfresser, andere gehören zu Formen, die flüssige Nahrung dadurch aufnehmen, daß sie mit ihrem Mundstachel Pflanzenzellen bzw. -wurzeln anstechen. Eine (ernsthafte) Schädigung der Pflanzen erfolgt nicht. Die Gruppe mit geformter Nahrung sind Detritusfresser, z. B. *Alaimus*

Tabelle 10: Mundgestaltung und Ernährungsweise von Nematoden (nach OVERGAARD, 1949)

Art der Ernährung	Nematodengattungen	morphologische Ausrüstung
flüssig	*Pharethrolaimus, Diphtherophora, Tylolaimophorus, Xiphinema, Tylencholaimus, Trichodorus, Actinolaimus, Nygolaimus, Dorylaimus*	Mundstachel, Oesophagus ohne Bulbus
	Tylenchinae, Hoplolaiminae	Mundstachel, Oesophagusbulbus ohne Klappen
geformt	*Ethmolaimus, Achromadora*	Mundhöhle mit Zähnen, Bulbus ohne Klappen
	Wilsonema, Plectus, Cephalobus, Acrobeles, Teratocephalus, Panagrolaimus, Macrolaimus, Bunonema, Rhabditis	Mundhöhle ohne Zähne, Bulbus mit Klappen (außer *Plectus granulosus*
	Plectus cirratus	Mundhöhle ohne Zähne, Bulbus mit Klappen und Raspelplatten
	Alaimus, Bastiania	keine ausgebildete Mundhöhle, Oesophagus ohne Bulbus
Hauptnahrung nicht genau bekannt	*Monhystera, Primatolaimus*	Mundhöhle ohne Zähne, Oesophagus ohne Bulbus
räuberisch	*Mononchus, Choanolaimus*	große Arten: Mundhöhle mit Zähnen oder Zähne und Raspelplatten, Oesophagus ohne Bulbus
	Tripyla	große Arten: Mundhöhle ohne Zähne, Oesophagus mit Zähnen aber ohne Bulbus

und *Bastiania*. Dagegen sind *Rhabditis*, *Diplogaster* u. a. ausgesprochene Fäulnisbewohner; in normalen Böden mit gut durchwurzelter Erde sind sie nicht häufig, aber doch regelmäßig anzutreffen. Oft entwickeln sie sich lokal an geeigneten Stellen in großen Mengen und nehmen die durch Bakterien verflüssigten Stoffe einschließlich Bakterien auf. Nach REITER (1928) sind bestimmte *Rhabditis*arten wie *Rh. curvicaudata* auf faulende Pflanzenstoffe (Kohlenhydrate) spezialisiert, während andere, wie *Rh. teres* und *Rh. elongata* an faulenden Eiweißstoffen — d. h. vorwiegend tierischen Stoffen — leben. In normalen Böden sind die Fäulnisbewohner nur latent als Dauerstadien vorhanden und kommen erst beim Eintritt günstiger Bedingungen zur Massenvermehrung. Dagegen kommen die Semiparasiten und Detritusfresser in stark durchwurzelten, feuchten Böden stets zur Massenentwicklung. Die Nahrung ist demnach der wichtigste Faktor für Entwicklung und Vermehrung der Bodennematoden. Das erklärt auch die ungleichmäßige Verteilung vieler Arten im Boden und ihr nester- oder kolonieweises Auftreten.

Weitere Gruppen der Bodennematoden sind Ekto- oder Entoparasiten an Pflanzen, wobei die Ektoparasiten nur selten größere Schäden verursachen. Zu ihnen gehören die freilebenden pflanzenschädigenden Ringnematoden, die zu den Tylenchoidea gehörenden Criconematinae. Sie sind im Gegensatz zu den anderen Bodennematoden äußerst bewegungsträge, mit Chitinwülsten und Schuppen versehen und in Grünlandbeständen offensichtlich weiter verbreitet als bisher angenommen wurde (STÖCKLI, 1957). Im Acker- und Gartenboden fehlen sie.

Im Jahresablauf zeigt bei normaler Witterung die Gesamtpopulation der Nematoden ein recht ausgeglichenes Bild, und es läßt sich höchstens eine gewisse jahreszeitbezogene Rhythmik nachweisen. Im Winter ist die Entwicklung der Nematoden unterbrochen, sie überwintern in anabiotischem Zustand. Aus dem Untersuchungsmaterial ist das aber nicht zu erkennen, weil die Zeit des Auslesens im Baermanntrichter ausreicht, um sie wieder zu aktivieren.

Die einzelnen Arten zeigen im jahreszeitlichen Ablauf sehr unterschiedliche Maxima. Sie sind nach BASSUS (1962) nicht ausschließlich endogen bedingt, sondern auch witterungs- und standortsabhängig.

Erdnematoden sind in der Regel gonochoristisch (zweigeschlechtlich). Oft ist aber die Zahl der aufgefundenen Männchen sehr gering. FRENZEL (1936) findet unter 500 *Dorylaimus obtusicaudatus* nur 2 Männchen. Bei manchen Arten, vielleicht sogar der Mehrzahl der freilebenden Nematoden ist die Fortpflanzung parthenogenetisch; andere wieder sind protandrische Hermaphroditen. Insgesamt scheint die Fortpflanzung sehr labil zu sein. Ein Generationswechsel kommt nur bei parasitischen Arten vor.

Die Häufigkeit der Nematoden in geeigneten Böden liegt begründet in der außerordentlichen Schnelligkeit der Entwicklung vieler Arten. Im Durchschnitt genügen dazu 20 Tage, bei größeren Arten bis 50 Tage. *Rhabditis*-Arten beenden ihre Entwicklung bereits innerhalb von etwa 5 Tagen. Auch die Anzahl der abgelegten Eier ist groß. OVERGAARD (1949) gibt für ein Weibchen von *Cephalobus elongatus* 209 Eier an, die innerhalb von 22 Tagen abgelegt werden. Die Artenzahl der Bodennematoden ist, wie sich erst in den letzten Jahren ergeben hat, relativ groß; aber nur eine geringe Anzahl von ihnen ist in normalen Böden als häufig zu bezeichnen. Gegenüber den klimatischen Bedingungen des Aufenthaltsortes scheinen die Bodennematoden weitgehend unempfindlich zu sein. OVERGAARD (1949) gibt als häufigste Arten an: *Cephalobus nanus*, *Prismatolaimus dolichurus*, *Dorylaimus obtusicaudatus*, *Monhystera vulgaris*, *Tylencholaimus mirabilis*, *Tylenchus filiformis*, *Acrobeles ciliatus* und *Cephalobus persegnis*. Sie erreichen in reiner Calluna-Heide fast 95 Gewichts% aller Nematoden.

Über die Ökologie der Nematoden ist nicht viel bekannt. Man unterscheidet ganz allgemein nematodenarme und nematodenreiche Biotope. Nach MICOLETZKY (1922) sind Wiesensümpfe und Sphagnummoore besonders stark besiedelt. Bezüglich der abnehmenden Bevölkerungsdichte gilt folgende Reihe: Sumpfmoose, Alpenmatten und Alpenweiden, Weiden der Tiefebene, Moore ohne Sphagnum, trockene Mähwiesen mit dichtem Wurzelgeflecht, Moosrasen der Ebene, Waldhumus und Heide. Am schwächsten sind Ackerböden besiedelt, wie überhaupt stark austrocknende Böden arten- und individuenarm sind.

Eine deutliche Standortsabhängigkeit scheint bei *Dorylaimus stagnalis* vorzuliegen, der nur in sehr feuchten Böden vorkommt, dagegen benötigen *Dorylaimus longicaudatus* und *Ironus ignavus* geringere Feuchtigkeit. *Monohystera villosa* bewohnt sogar ausgesprochen trokkene Böden. Nach den Befunden von Bassus (1962) spielen aber die gleichen Arten nicht überall die gleiche Rolle, vor allem nicht quantitativ.

Über die Vertikalschichtung der Nematoden liegen verschiedene Arbeiten vor. Volz (1948, 1951) findet z. B. in der Laubstreu von Wäldern folgende Verhältnisse: Die oberste Lage der Förna wurde bis zu 90% von *Plectus cirratus* (= *Pl. rhizophilus* ?) besiedelt. Diese Art ist wenig empfindlich gegen Austrocknung. Sie besitzt Haftdrüsen, deren Sekret sie an Blättern festhält und z. B. vor dem Wegspülen bewahrt. Die Fortbewegung ist ein horizontales Schlängeln als Anpassung an den Aufenthalt in den dünnen Wasserhäutchen an der Oberfläche der abgefallenen Blätter. In der unteren Förna nimmt *Plectus cirratus* nur noch etwa 25% der Nematodenbevölkerung ein, *Monohystera filiformis* ist hier die häufigste Art. Außerdem treten noch *Bunonema*-Arten auf. In der H-Schicht dominieren *Tylenchus filiformis* und *Teratocephalus terrestris*. Letzterer wird in der darunter liegenden humosen Sandschicht durch *Tylencholaimus mirabilis* und andere Arten ersetzt. Die genannte Reihenfolge zeigt auch Unterschiede in der Mundbewehrung und augenscheinlich bedeutet diese Vertikalschichtung zugleich das Abbild einer Sukzessionsfolge, entsprechend der Zunahme des Humusanteiles bis zur H-Schicht.

BASSUS (1962) kommt zu ähnlichen Ergebnissen. Er findet typische Artenkombinationen in Abhängigkeit vom Waldtypus. Für mitteldeutsche Nadelwaldbiotope ergab sich z. B. folgende charakteristische Artenkombination in abnehmender Reihenfolge ihrer Bedeutung: *Aphelenchoides parietinus*, *Tylenchus* sp. I, *T. bryophilus*, *Cephalobus nanus*, *Wilsonema otophorum*, *Euteratocephalus crassidens*, *Plectus longicaudatus*, *Teratocephalus terrestris*, *Plectus parvus*, *Tylenchus filiformis*, *T. leptosoma*, *Cervidellus vexilliger*, *Dorylaimus primitivus*, *Plectus cirratus*, *Prismatolaimus dolichurus*, *Bunonema reticulatum*.

Charakteristisch sind nicht die Einzelarten, sondern diese typische Artenkombination. Es wurden aber keine Nematodenarten gefunden, die ausschließlich auf die pflanzensoziologische Formation Wald beschränkt sind. Eine gewisse Vorliebe für bestimmte Biotope scheint allerdings vorzuliegen. So bevorzugt *Bunonema* mit Sicherheit Nadelholzbestände, während eine Reihe anderer Gattungen Laubwaldböden bevorzugen. Nadelwaldböden sind daneben wesentlich arten- und individuenärmer als Laubwaldböden. Ein Vergleich mit den Artenkombinationen verschiedener Standorte und Waldtypen ergab, daß das Artenspektrum nicht von abiotischen Umweltsbedingungen bestimmt wird; diese beeinflussen nur die Gesamt-Individuendichte und die der einzelnen Arten.

Die bodenbiologische Bedeutung der Nematoden liegt in ihrer Häufigkeit und ihrer Beteiligung am Stoffumsatz im Boden. Eine direkte Beteiligung der Nematoden an der Zersetzung des Bestandsabfalls konnte bisher nicht nachgewiesen werden, und als Humusproduzenten spielen sie keine Rolle. Ihre Hauptbedeutung dürfte wohl in der Anreicherung von Stickstoffverbindungen liegen, die bei ihrem Tod durch Fäulnis schnell freigemacht werden können und dann den Pflanzen zur Verfügung stehen. Bei Massenvermehrung der Arten an faulenden pflanzlichen und tierischen Stoffen können sie einen erheblichen Anteil an deren schneller Zersetzung haben. Die Höhe des Stoffumsatzes läßt sich bei Fadenwürmern nur schlecht und unvollkommen auf Grund von Individuenzahlen ablesen, weil die Größe der Individuen je nach

Art und Altersstadium des jeweiligen Tieres sehr unterschiedlich ist. Kleinere Arten zeigen dabei eine größere Stoffwechselaktivität als größere. OVERGAARD (1949) errechnet deshalb aus Länge, Volumen und spezifischem Gewicht der Tiere die Populationsgewichte. Dabei führen aber nicht erfaßte mäßige Längendifferenzen zu erheblichen Volumendifferenzen. Längenunterschiede treten außerdem auch als Geschlechtsmerkmale auf; sie lassen sich besonders schwer abschätzen, weil das Geschlechtsverhältnis in den Proben nicht konstant ist.

Ein Vergleich der Gewichtsangaben einzelner Nematoden nach verschiedenen Autoren ist in Tab. 11 zusammengestellt. Die unterschiedlichen Werte erklären sich aus den oben angedeuteten Schwierigkeiten, außerdem sind die Beobachtungsmethoden nicht gleich. Die auftretenden Gewichtsdifferenzen sind teilweise ganz erheblich

Tabelle 11: Durchschnitts-Gewichte einiger Nematoden, zusammengestellt nach Angaben von VOLZ (1951), OVERGAARD (1949) und BASSUS (1962):

Klasse	Nematoden	ø Länge der Tiere in mm	Gew. in γ (VOLZ)	Gew. in γ (OVERGAARD)	Gew. in γ (BASSUS)
1	kl. *Plectus*-Arten u. a.	0,3–0,4	0,1	0,18	0,01–0,06
2	*Tylenchus*, *Alaimus*	0,5–0,6	0,15	0,46	0,08–0,4
3	*Plectus cirratus* *Plectus granulosus*	0,7–0,8	0,4	1,0	0,8–1
4	*Dorylaimus*, *Mononchus papillatus*	1,0 u. mehr	1,25	6,67	4

Die Klassifizierung ist von VOLZ übernommen.

und potenzieren sich noch bei Angabe der gesamten Biomasse einer Nematodenpopulation. Die von VOLZ (1951) und BASSUS (1962) gegebenen Werte sind Minimalwerte, die im letzteren Falle durch einen hohen Anteil der mit erfaßten Larvenstadien erklärt werden können. Die aufgeführten Größen- und Gewichtsunterschiede machen deutlich, daß bezüglich der Biomasse in einer Population z. B. eine geringe Zahl von *Dorylaimus* die gleiche Rolle spielen können wie die vielfache Anzahl von *Tylenchus*.

Zur Errechnung der Biomasse von Nematodenpopulationen eignet sich das indirekte Verfahren mit der Formel von ANDRASSY (1956)

$$G = \frac{a^2 \cdot b}{1{,}6 \cdot 10^6} \cdot \text{ Ergebnis in } \gamma \ (1\,\gamma = 0{,}001 \text{ mg})\,.$$

(a = größte Körperbreite in μ, b = größte Körperlänge in μ, 1,6 = ein Erfahrungswert).

OVERGAARD (1961) ermittelt im Grünland (Schichttiefe 25 cm) eine Biomasse von 17,8 g/m². STÖCKLI (1958) gibt aus mittelwertigen Ackerböden bis 15 cm Tiefe 50 kg/ha Biomasse Nematoden an, das sind 5 g/m².

Direkte Messungen über die Fraßleistungen der Nematoden liegen bisher nicht vor. Als indirekte Methode kann die Bestimmung ihrer Atmungsgröße als Anzeiger der bodenbiologischen Leistungsfähigkeit dienen. In den Untersuchungen OVERGAARDS (1961) ergaben sich für 20 Millionen Nematoden (17,8 g/m²) während der Vegetationsperiode eine Atmungsgröße von 17,3 ml O_2/m²/h. Davon entfallen 56% auf Bakterienfresser und annähernd 20% auf Tylenchiden, die sich hauptsächlich von Pflanzenwurzeln ernähren. Durch Umrechnung ergibt sich ein jährlicher Sauerstoffverbrauch der Nematoden von 600 m³/ha. Dies würde einer Nahrungsaufnahme von 250 kg Protein oder 40 kg Stickstoff je Hektar und Jahr entsprechen. Die von Bakterien lebenden Nematoden würden demnach jährlich 800 kg lebende Bakterienmasse je Hektar verzehren, das sind umgerechnet 20 kg Bakterien-Stickstoff. Die Tylenchiden entnehmen den Pflanzenwurzeln jährlich etwa 8 kg/ha Stickstoff.

Die Ernährung der Nematoden zerfallender Holzteile stimmt mit den bisherigen Angaben überein, sie sind saprophag und Bakterienfresser. Ihr Aufenthalt in diesen Biochorien ist eng an das Vorhandensein von holzfressenden Insekten und deren Larven, sowie an die sich vor allem in deren Fraßmulm entwickelnde Bakterienflora gebunden (KÖRNER, 1953).

Als Feinde der Erdnematoden werden häufig Tardigraden (Bärtierchen) angegeben. Wichtiger sind die räuberischen Nematoden. Sie verzehren nicht nur Nematoden, sondern auch Rhizopoden, Rotatorien, Tardigraden und Enchytraeiden. In Frage kommen die Gattungen *Tripyla*, *Mononchus* und *Choanolaimus*. Sie besitzen in der Mundhöhle oder am Oesaphagus scharfe Zähne, die nicht nur zum Festhalten, sondern bei Nahrungstieren mit festerer Oberfläche auch zum Zerreißen der Beute dienen, um sie überhaupt für die Verdauungssäfte des Räubers angreifbar zu machen. Unverletzte Nematoden, die als Nahrung aufgenommen wurden, passierten unverdaut den Darmtraktus des Räubers.

Neben den genannten Gattungen werden als Räuber noch die Gattungen *Trilobus* und *Monhystera* angeführt. Letztere nimmt auch Diatomeen (Kieselalgen) und pflanzliche Mikroorganismen auf. Bei *Mononchus papillatus* beobachteten STEINER und HEINLY (1922) die Aufnahme von Larven des Wurzelgallennematoden *Heterodera marioni* (= *Heterodera radicicola*), 83 an einem Tag und in 12 Wochen 1322 Stück; diese Art käme damit auch für eine biologische Schädlingsbekämpfung des Pflanzenparasiten in Betracht. Außer ihrer Beute nehmen sie auch regelmäßig Erdpartikel mit auf, die vielleicht bei der Zerkleinerung der Nahrung innerhalb des Darmrohres eine Rolle spielen.

Den saprophagen Bodentieren, z. B. in Rinderexkrementen, dürften die Nematoden auch mit als Nahrung dienen.

SACHS (1951) beobachtete, daß die in ungeheuerer Zahl in Rinderexkrementen lebenden Nematoden von Coleopteren- und Dipterenlarven mit dem Dung aufgenommen werden. Er wies dabei 22 Arten „typischer Kuhfladenbewohner", 10 Arten „Kuhfladenbewohner" und 19 Arten „Fremdlinge" nach. Die Besiedlung solcher Kuhfladen kann erfolgen durch latent im Boden befindliche Dauerstadien der saprophagen Arten oder durch passiven Transport (Phoresie) mit verschiedenen Insekten von einem Dunghaufen zum anderen. Letzteres ist die Regel bei typischen Kuhfladenbewohnern, die durch besondere Verhaltensweisen den Kontakt mit dem Transportwirt erleichtern („Platzwinker", „Kriechwinker").

Auch Milben (*Laelaps*arten u. *Macrocheles*, *Alliphis siculus*), Coleopteren- und Dipterenlarven stellen den Bodennematoden nach, bisweilen auch einige Collembolenarten wie *Onychiurus armatus*, der Nematodenzysten zerstören und auffressen kann (MURPHY und DONCASTER, 1957). Eine andere Gruppe von Nematodenfeinden bilden die tierfangenden Pilze. Sie besitzen verschieden ausgebildete Hyphen, die mit Klebsekret versehen sind oder Schlingen bilden, die sich bei Berührung mit der Beute zusammenziehen usw. Der Pilz löst dann die Kutikula des Beutetieres auf und treibt einen

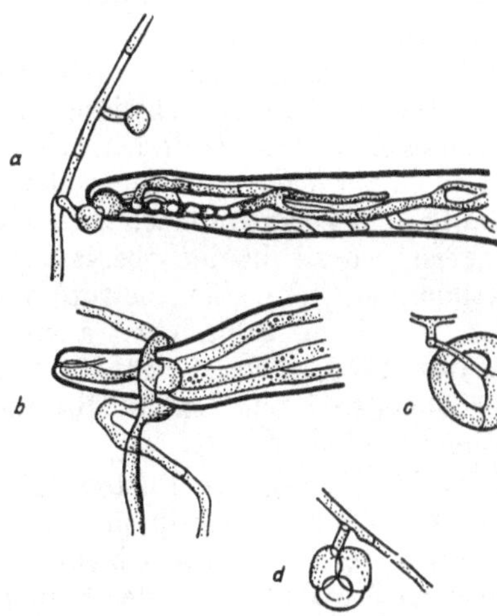

Abb. 30: Nematodenfangende Pilze (nach DUDDINGTON, 1955) a) *Dactylella ellipsospora*, Vorderende eines gefangenen Nematoden mit Nährhyphen; b) *Dactylaria candida* (sonst wie a); c) offener Fangring von *D. candida*; d) Fangring von *Dactylella doedycoides* mit angeschwollenen Drüsenzellen und verkleinerter Öffnung

Zellschlauch in dessen Körper, der die inneren Organe auflöst und resorbiert (Abb. 30). Andere Pilze bohren sich mit ihren spitzen Sporen in Nematoden ein und wachsen innen zu einem Mycel aus. Bisher sind etwa 80 nematodenfangende Pilzarten bekannt geworden. Sie spielen anscheinend eine größere Rolle im Boden als bisher angenommen wurde. Dasselbe gilt auch für einige Amoebenfeinde der Nematoden, von deren Wirkung man erst in den letzten Jahren genauer Kenntnis bekommen hat.

Ringelwürmer — Annelida

Unter den tierischen Organismen des Bodens spielen die Ringelwürmer zweifellos die wichtigste Rolle. Das gilt in den Landbiotopen besonders für die Enchytraeidae und die Lumbricidae (= echte Regenwürmer), die beide zu den Oligochaeten (Wenigborstern) gehören. Sie sind nicht auf die Porenräume des Bodens angewiesen, sondern leben in selbstgegrabenen Erdröhren.

Enchytraeiden sind ± farblose, dünne, kleine, „weiße Würmer" (Länge 5–20 mm, Breite um ½ mm). Ihre Bestimmung ist schwierig und Arbeiten über diese Familie sind nicht zahlreich. Enchytraeiden findet man im Boden (Wiese, Wald) in der oberen Schicht recht häufig; sie gehen nur selten tiefer als 10 cm, außer in Äckern, wo sie in der obersten Schicht durch Kulturmaßnahmen sehr stark betroffen werden und in Tiefen von 8–23 cm zahlreicher auftreten (Krüger, 1952). Franz (1950) rechnet mit 10000 Exemplaren je m^2 in den obersten 10 cm Boden. Bretscher (1904) gibt noch höhere Zahlen an.

Die Verteilung der Enchytraeiden im Boden scheint sehr unregelmäßig zu sein, man kann bereits auf kleinstem Raum große Zahlenunterschiede feststellen. Auch jahreszeitliche Schwankungen der Populationsdichten sind bekannt. Sie sind wahrscheinlich durch Feuchtigkeitsschwankungen und das Fortpflanzungsverhalten der Tiere bedingt. Die Ansprüche der Enchytraeiden an den Sauerstoffgehalt der Luft sind relativ hoch. In schlecht durchlüfteten, nassen Böden fehlen sie deshalb, und ihre schnelle Abnahme in tieferen Bodenschichten hängt z. T.

mit ihrem Sauerstoffbedürfnis zusammen. Deshalb bevorzugen sie deutlich die oberflächennahe Schicht, auch wenn in tieferen Schichten noch genügend Nahrung vorhanden ist (SAUERLANDT, 1961). Gleichmäßige Feuchtigkeitsbedingungen und geeignete Nahrung sind ebenfalls Voraussetzungen für eine reiche Enchytraeidenfauna. Stark austrocknende, sandige und kiesige Böden werden von ihnen gemieden; dagegen sind sie in Sandböden mit einer dichten, feuchtigkeitshaltenden Vegetationsschicht ziemlich zahlreich (FRENZEL, 1936). Austrocknendes Fallaub usw. wird verlassen. Gegen Temperaturschwankungen sind Enchytraeiden wenig empfindlich, ebenfalls gegen niedrige Temperaturen. Allerdings scheinen gewisse temperaturbedingte Vertikalverschiebungen vorzukommen (VOLZ, 1934). Manche Arten sollen auch ohne Schaden einfrieren können. Anscheinend erlaubt ihnen diese Möglichkeit, bis ins Hochgebirge und in die Arktis vorzudringen.

Die meisten Arten sterben beim Eintritt ungünstiger Lebensbedingungen ab (SCHMIDEGG, 1938).

Die Fortpflanzung der Enchytraeiden geschieht geschlechtlich. Gewöhnlich werden Eier abgelegt, seltener und anscheinend nur bei großer Trockenheit kommt es zur Ausbildung von Kokons, aus denen 1—3 Tiere schlüpfen.

Als wichtigste Gattungen der Enchytraeiden gelten *Henlea*, *Friedericia*, *Achaeta* und *Enchytraeus*. BUTSCHEK (1951) fand trotz der relativ großen Individuenzahl der Enchytraeiden stets nur eine kleine Anzahl von Arten, die häufig sind. In Grünland- und Ackerböden waren das regelmäßig die Arten *Friedericia bisetosa*, *F. ratzeli* und *F. leydigi*; sie kommen aber auch in Waldböden vor.

Als wichtigster Faktor für die Entwicklung der Enchytraeiden wird das Vorhandensein von geeigneter Nahrung angegeben. Lebende Pflanzenteile werden nach den vorliegenden Beobachtungen nicht gefressen. Hauptnahrungsquelle sind abgestorbene, aber noch unzersetzte Pflanzenreste. Einige Arten gehen auch an tierische Reste. Die Humifizierung durch Enchytraeiden erfolgt dabei sehr schnell. Vor der Aufnahme der Nahrung wird zunächst ein stark alkalisches Speicheldrüsensekret abgeschieden und die Nahrungsstoffe dadurch schon extraintestinal aufgeweicht bzw. verflüssigt und anscheinend ihre Zersetzungsrichtung beeinflußt. Bei der Aufnahme der vorbereiteten Stoffe gelangen auch Mineralteilchen in den Darm und verlassen ihn eng vermischt mit unverdaulichen, organischen Resten.

Ob diese Vorstellungen von der Ernährung der Enchytraeiden zutreffen, bleibt abzuwarten. Nach OVERGAARD (1961) ist nämlich anzunehmen, daß sie sich hauptsächlich von Bakterien, Protozoen und anderen Mikroorganismen ernähren. Vielleicht wird auch durch die Abgabe von Speichel eine bestimmte Bakterienflora gefördert, ist also die Zersetzung des Materials keine fermentative Wirkung der Enchytraeiden-Absonderungen, sondern eine Folge der Stoffwechselleistung bestimmter begünstigter Bakterien. Nähere Untersuchungen darüber stehen noch aus.

Nimmt man eine Bakteriennahrung an, so würden die auf 1 ha der OVERGAARDschen Versuchsfläche (1961) vorkommenden Enchytraeiden 300—400 kg Bakterien-Lebendgewicht verzehren. Damit ergäbe sich folgende Reihe des Nahrungsverbrauches je ha und Jahr:

Protozoen	ca. 8000 kg	Bakteriennahrung
Nematoden	ca. 800 kg	Bakteriennahrung
Enchytraeiden	ca. 400 kg	Bakteriennahrung

Legt man die von JENSEN (1959) angenommenen Populationsgewichte der Bakterien von 2,5—12,5 Tonnen je ha zugrunde, so würde etwa eine Bakteriengeneration zur Ernährung dieser drei Bodentiergruppen verbraucht werden. Alle diese Zahlen können aber nur als grobe Näherungswerte gelten, da auch über die mittlere Generationszeit der Bakterien und ihre wirkliche jährliche Biomasse Unklarheit besteht.

Eine Vorstellung von der Häufigkeit und der Biomasse der Enchytraeidenpopulation gibt Tab. 12.

Wegen ihrer geringen Größe sind Enchytraeiden nur in beschränktem Maße imstande, sich durch feste Substrate hindurchzugraben. Sie benutzen deshalb mit Vorliebe auch das bereits vorhandene Lückensystem und fehlen in dichten, hohlraumarmen Lehmböden.

Tabelle 12: Durchschnittszahlen und Biomasse der Enchytraeiden-Populationen verschiedener Böden nach OVERGAARD (1961) und O'CONNOR (1958, 1962)

Boden		Jährl. ∅-Zahl pro m^2	Biomasse in g/m^2
Fläche 1		44000	2,97
Fläche 4		30000	3,03
Fläche 18		74000	10,50
Koniferenwald	min.	42000	
	max.	250000	
Koniferenwald		134300	10,79

Interessant ist die Beobachtung JEGENS (1920), der eine antagonistische Wirkung zwischen Enchytraeiden und Nematodenlarven feststellen konnte. Pflanzenparasitische Nematoden werden bei Anwesenheit von Enchytraeiden abgetötet, wahrscheinlich durch die Wirkung ihrer Speichelsekrete. Die Nematoden lösen sich zu einer schleimigen Masse auf, die wahrscheinlich von den Larven der Enchytraeiden aufgenommen wird. Auf diese Weise gelang es, nematodenverseuchte Pflanzen durch Zuführung von Enchytraeiden zu heilen. War aber die Zersetzung des pflanzlichen Gewebes durch die Nematoden schon zu weit fortgeschritten, so wurde durch die Enchytraeiden der Zersetzungsprozeß nur noch beschleunigt. Weitere Untersuchungen wären hier wünschenswert.

Die Literatur über die Lumbriciden (echte Regenwürmer) ist sehr umfangreich. Angaben über ihr zahlenmäßiges Vorkommen gehen weit auseinander. Das liegt zum Teil an methodischen Unzulänglichkeiten einzelner Arbeiten.

Die Chance, überhaupt auf Regenwürmer zu treffen, hängt von ihrem Minimalareal ab, nach ihm muß sich die Größe der Untersuchungsproben richten. Während z. B. für Milben und

Collembolen eine Probengröße von 300 cm³ Erde ausreicht, genügt das bei weitem nicht zur Erfassung eines Regenwurmbestandes. Hier sind Probeflächen von mindestens 0,5 m² notwendig. Hinzu kommt, daß sich viele Regenwürmer bei bestimmten Erschütterungen des Bodens sofort in tiefere Bodenschichten zurückziehen und damit häufig der Aufnahme entziehen. Dieses plötzliche Zurückweichen ist sicherlich eine Ausweichreaktion vor ähnlichen Erschütterungen durch die Grabtätigkeit der Maulwürfe als ärgsten Feinden der Regenwürmer.

Unterschiede im Vorkommen der Regenwürmer können auch dadurch bedingt sein, daß ihre Verteilung auf Flächen mit verschieden feuchten Stellen durchaus kolonieweise sein kann (KOLLMANNSPERGER, 1934), jedoch ist die Mehrzahl der Lumbriciden nicht in dem Maße biotopgebunden wie andere Tiergruppen. Im allgemeinen sind die Individuen- und Artenzahlen der Lumbriciden im Wald am größten und im Grünland bedeutend höher als im Ackerland. FINCK (1952) gibt folgende Zahlen an:
Grünland 3 Millionen Individuen je Hektar;
Gewicht 20 dt/ha.
Ackerland 1 Million Individuen je Hektar;
Gewicht 5 dt/ha.

Die Verarmung des Regenwurmbestandes in Kulturböden steigt vom Grünland über Ackerraine zu Ackerflächen mit Bodenruhe (Kleeschläge oder Wechselweide) und schließlich zum Acker mit alljährlicher Bearbeitung an. Auch der Boden von Hofplätzen und festgetretenen Feldwegen ist noch stark von Regenwürmern besiedelt. Die höchste Besatzdichte aller von FINCK geprüften landwirtschaftlichen Nutzflächen ergab sich auf Mineralbodengrünland mit 500 Exemplaren je m² (= 300 g Regenwurmmasse), das entspräche pro ha dem Gewicht von 5 Kühen.

Der wichtigste ökologische Faktor für die Regenwürmer ist die Feuchtigkeit. Sie begrenzt in beiden Extremen ihr Vorkommen. Genügend Feuchtigkeit ist immer ausschlaggebend für eine dichte Regenwurmbesiedlung. Nach dem Verhalten der Lumbriciden unterscheidet man zwei Gruppen: Feuchtluftatmer und wasserlebende Formen.

Die ersteren sind bodenbiologisch bedeutsamer, und obwohl auch sie längere Zeit unter Wasser leben können, werden dauernd nasse Böden gemieden — ebenso allerdings auch ganz trockene Böden. *Allolobophora*-Arten benötigen nach BALTZER (1956) 33–35% Bodenwasser zur vollen Aktivität; Böden mit weniger als 20% Wassergehalt führten bei allen untersuchten Arten zum Absterben der Tiere. Auch für die rein terrestrischen Formen ist nicht primär das Wasser die Ursache für das Verlassen ihrer Wohnröhren bei Regen oder Überschwemmung, sondern der verminderte Sauerstoffgehalt. Dabei reagieren *Lumbricus*-Arten anscheinend am empfindlichsten gegen Sauerstoffmangel. Weniger empfindlich ist *Allolobophora*. In Versuchen (NEUMANN, 1962) konnten die Lumbriciden monatelang ohne Schaden in frischem, sauerstoffhaltigem Wasser leben; am längsten überdauerte *Allolobophora caliginosa* mit 134 Tagen. In sauerstoffarmem Wasser ging *Lumbricus* bald zugrunde, während *A. caliginosa* sogar in Rieselwasser (ohne Sauerstoff) 89 Stunden leben konnte.

Abb. 31:
Knotenstadium eines Regenwurmes (FÜLLER, 1954)

Als Feuchtlufttiere meiden die Regenwürmer dauernd trockene Böden. Ungünstige Feuchtigkeits- und Temperaturbedingungen zwingen viele zu Vertikalwanderungen. Z. B. ziehen sich *Allolobophora longa* und *A. nocturna* im Mai/Juni in Tiefen von 20 bis 40 cm zurück. Als weitere Anpassung an die Trockenheit legen sie in dieser Zeit eine Ruheperiode ein. Manche bilden im Boden eine runde, durch Sekret verfestigte und mit Fäkalienpfropfen verschlossene Höhlung und bleiben zusammengerollt (Knotenstadium) darin (Abb. 31). Dabei können sie durch Wasserverlust bis zu 50% ihres Gewichtes einbüßen. Nach Befeuchtung leben sie wieder auf. Besonders oft findet man die empfindlicheren Jungtiere in ganzen Gruppen zusammengeknäuelt im Trockenschlaf in solchen Höhlungen. Ähnliche Verhaltensweisen zeigen die Regenwürmer auch im Winter, wo sie in frostfreien Bodentiefen in kleinen Höhlen eingerollt die Kälte überdauern.

Nach den Beobachtungen AVELS (1928) ist das Einhalten periodischer Ruhephasen vielleicht auch noch an andere — bisher unbekannte — Faktoren geknüpft, sie traten im Versuch auch bei gleichmäßiger Temperatur und Feuchtigkeit auf. MICHON (1957) unterscheidet deshalb: 1. Amphodyname Arten, die sich mit und ohne Ruhezeit entwickeln können (*Allolobophora terrestris*, *A. caliginosa*, *A. chlorotica*, *A. rosea*) und 2. Homodyname Arten, die keine Ruhezeit einschalten (*Octolasium cyaneum*, *O. lacteum*, *Eiseniella tetraedra*, *Lumbricus rubellus*, *L. castaneus*, *L. herculeus* (= *terrestris*), *Dendrobaena subrubricunda*, *Eisenia foetida*). Die Ruhepause konnte auch experimentell ausgelöst werden, wenn man das Erdreich langsam austrocknen ließ; ausreichende Feuchtigkeit verhinderte die Ruhepause. Umgekehrt braucht aber zugeführte Feuchtigkeit den Ruhezustand nicht aufzuheben. Möglicherweise liegt auch eine innere Disposition vor, die mit bestimmten äußeren Auslösemechanismen verknüpft ist. Trockenheit, aber auch Abkühlung scheinen als Auslöser zu wirken.

Gegen Frost sind Lumbriciden sehr empfindlich und schon bei geringen Minusgraden werden sie getötet. In frisch gepflügten Feldern stirbt nach HOPP und LINDNER (1947) ein großer Teil der Regenwürmer bei den ersten Frösten ab. Die obere Temperaturgrenze liegt nach BALTZER (1956) bei 33—38 °C. Gegenüber dem Säuregehalt des Bodens reagieren die meisten Lumbriciden relativ unempfindlich, dennoch werden neutrale bis schwach alkalische Böden gewöhnlich bevorzugt. Nach BALTZER (1956) soll die Gattung *Lumbricus* saure Böden ertragen, weil sie durch ihre gut ausgebildeten Kalkdrüsen an dieses Milieu angepaßt ist. Die durch Regenwürmer verursachte Neutralisation der Böden ist vermutlich auch auf die Wirkung dieser Kalkdrüsen zurückzuführen. Moor- und Rohhumusböden werden von Regenwürmern gemieden, wohl wegen des zu starken Säuregehaltes.

Kollmannsperger (1934) fand *Octolasium lacteum* in Böden von pH 5,55–8,08 und *Allolobophora chlorotica* bei pH 7,85, aber auch bei pH 5,87. Für *Allolobophora caliginosa trapezoides* gibt Allee (1930) ein Optimum von pH 7–7,8 an, seine Grenzwerte liegen bei pH 5,8 und 8,3. *Lumbricus rubellus* wieder wird nach Baltzer (1956) durch stärkere Säuregrade begünstigt, er verträgt in der verpilzten, feuchten Rohhumusdecke von Kiefernbeständen noch einen pH-Wert von 2,8–3,0. Dagegen ist *Octolasium lacteum* gegen niedrige pH-Werte sehr empfindlich.

Der Standort selbst kann in vielfacher Weise auf die Lumbricidenfauna einwirken. Bodenvegetation und Bestockung üben einen Einfluß aus. Tiefgründige, gut durchlüftete und durchfeuchtete Böden werden bevorzugt. Reine Sandböden beherbergen wegen der schlechten Wasserführung keine Lumbriciden. Größe und Färbung können mit dem Standort variieren. Manche Arten bevorzugen auch bestimmte Biotope. So kommt die amphibisch lebende *Eiseniella tetraedra* regelmäßig in dauernd nassen Böden mit hohem Grundwasserstand vor. An faulendem Holz, tief im nassen Sand, findet man *Lumbriculus variegatus*.

Die von den Regenwürmern angelegten Gänge verlaufen im A-Horizont nach allen Richtungen. In den unteren Bodenschichten kommen nur senkrechte Röhren vor, ihre Tiefe ist aber verschieden, in der Hauptsache vielleicht, weil manche Arten körperlich gar nicht imstande sind, sich in tiefere und festere Bodenschichten einzugraben. Daraus ergibt sich zwangsläufig eine gewisse Abstufung nach Tiefe, die ungefähr mit ihrer Größenzunahme einhergeht. Die Regenwurmgänge werden nach Finck (1952) von den Regenwürmern mit einer humosen Innentapete ausgekleidet, die die Gänge stabilisiert. Er zählte auf einem guten Braunerdeacker bis 1000 Regenwurmgänge je m^2. Nach wiederholter Bearbeitung war ihre Zahl auf 100–300 je m^2 abgesunken.

Ein typischer Bewohner der Förna ist *Lumbricus rubellus*, er lebt in der Laubstreu und dringt gar nicht in den eigentlichen Boden ein. *Dendrobaena* und *Bimastus tenuis* trifft man in morschem Holz und unter Baumstrünken, sie fressen aufgeweichte und wenig zersetzte Holzreste. In faulenden Pflanzenstoffen ist regelmäßig der Kompostwurm *Eisenia foetida* anzutreffen. Eine andere Gruppe der Lumbriciden lebt im Boden bis zu einer Tiefe von etwa 30 cm; als Vertreter gelten *Eisenia rosea*, *Allolobophora caliginosa* und *Lumbricus castaneus*. Bis in größere Tiefen gehen die größten Arten wie *Allolobophora longa*, *Octolasium lacteum*, *Lumbricus polyphemus* und *L. terrestris*. Sie legen ihre senkrechten Gänge in derRegel bis zum Grundwasserspiegel an. Von *L. terrestris* wurden noch Röhren bis in 2,5 m Tiefe festgestellt. WILCKE (1953) findet in tiefgründigen Waldböden unter günstigen Bedingungen 4 stockwerkartig übereinandergeschichtete Zonen, die dadurch, daß die Röhren jeder Art sich bis zur Oberfläche erstrecken, ineinander verschachtelt sind. Die Vertreter der jeweils oberen Stockwerke werden aber nicht in den tieferen angetroffen.

Die Nahrung der einzelnen Lumbriciden ist ziemlich verschieden. Allerdings sind unsere Kenntnisse bei manchen Arten noch sehr unzureichend. So ordnet KÜHNELT (1950) *Octolasium lacteum* unter die Fallaubfresser ein, während FRANZ (1950) ihn für einen der leistungsfähigsten Humuskonsumenten hält. Im allgemeinen unterscheidet man zwischen Arten, die unzersetzte Streu aufnehmen und solchen, die organische Abfallstoffe verschiedenen Zersetzungsgrades fressen. Dabei werden von nährstoffarmem Material größere Mengen aufgenommen als von nährstoffreichem. Andere Arten sind Detritusfresser, einige ausgesprochene Humuskonsumenten, manche koprophag. Bei den meisten von ihnen dürfte auch der Mikrofloren-Überzug der aufgenommenen Bodenpartikel einen gewichtigen Anteil der Nahrung ausmachen (siehe auch S. 113). Da Regenwurmlosung viele Bakterien enthält, kommt es durch Kotablage gleichzeitig zu einer Impfung des Bodens mit Mikroorganismen.

Die bodenbiologische Bedeutung der Lumbriciden liegt in folgenden Eigenschaften bzw. Leistungen:

1. Zersetzungsleistung beim Abbau der organischen Substanz
2. Fixierung N-haltiger Stoffe im Körper
3. Bildung von Ton-Humus-Komplexen
4. Erhaltung und Verbesserung der Krümelstruktur des Bodens
5. Durchmischung und Auflockerung des Bodens
6. Verbesserung der Durchlüftung und Wasserführung des Bodens.

Im Einzelnen steht die Zersetzungsleistung der Lumbriciden in unmittelbarem Zusammenhang mit Anzahl, Größe und Fraßleistung der Individuen, natürlich auch mit ihrer Lebensdauer. FINCK (1952) konnte von 10 *Eisenia foetida* (Kompostwurm) in 10 Tagen 10 Jungwürmer nachziehen, die in drei Monaten erwachsen waren. Im Freien brauchen die meisten Arten dafür 1 Jahr. Die Lebensdauer in Gefangenschaft betrug bei *Eisenia foetida* 4,5 Jahre, bei *Lumbricus terrestris* (gemeiner Regenwurm) und *Allolobophora longa* sogar 10,5 Jahre.

Wie groß die Zersetzungsleistung der Regenwürmer als Primärzersetzer ist, konnte u. a. WITTICH (1953) mit eindrucksvollen Zahlen belegen. Nach Kalkung waren in einem untersuchten Standort die Lumbriciden in der Lage, 50 t/ha Trockensubstanz eines typischen Rohhumus in 9—10 Monaten zu verarbeiten. Dabei wurden je m² an Individuen über 2 cm Länge gezählt: 100 *Allolobophora rosea*, 24 *Lumbricus herculeus*, 8 *Allolobophora terrestris longa*, 7 *A. chlorotica* und 7 *A. oculata*.

Aktivität und Tätigkeit der Regenwürmer werden durch Temperatur und Niederschläge beeinflußt. Im Oktober/November und im April sind sie besonders rege. Bei den Fraßleistungen spielt augenscheinlich die stoffliche Zusammensetzung der Blätter und damit das C:N-Verhältnis eine bedeutende Rolle; es kann in Abhängigkeit vom Standort beträchtlich schwanken.

Wittich stellte folgende Reihe abnehmender Zersetzbarkeit durch Regenwürmer auf:

	C:N-Quotient
Schwarzer Holunder (*Sambucus nigra*)	12,9 (= 12,9:1)
Traubenkirsche (*Prunus padus*)	31,1
Wohlriechendes Geißblatt (*Lonicera caprifolium*)	33,2
Deutsches Geißblatt (*Lonicera periclymenum*)	38,7
Gemeiner Schneeball (*Viburnum opulus*)	52,1
Schwarzerle (*Alnus glutinosa*)	16,6
Elsbeere (*Pirus torminalis*)	54,9
Feldulme (*Ulmus campestris*)	24,9
Winterlinde (*Tilia ulmifolia*)	38,2
Vogelbeere (*Sorbus aucuparia*)	54,0
Bergulme (*Ulmus scabra*)	22,4
Kanadische Pappel (*Populus canadensis*)	24,0
Salweide (*Salix caprea*)	36,7
Sanddorn (*Hippophaes rhamnoides*)	16,6
Haselnußstrauch (*Corylus avellana*)	28,4
Schwarzdorn (*Prunus spinosa*)	36,3
Weißdorn (*Crataegus oxyacantha*)	50,1
Mehlbeere (*Sorbus aria*)	42,5
Birne (*Pyrus communis*)	47,3
Bergahorn (*Acer pseudoplatanus*)	50,4
Silberpappel (*Populus alba*)	53,3
Schwarzpappel (*Populus nigra*)	38,2
Spitzahorn (*Acer platanoides*)	56,0
Gagelstrauch (*Myrica gale*)	18,1
Feldahorn (*Acer campestre*)	43,5
Traubeneiche (*Quercus petraea*)	42,0
Stieleiche (*Quercus rubra*)	33,1
Rotbuche (*Fagus silvatica*)	38,0
Platane (*Platanus acerifolia*)	59,5
Roßkastanie (*Aesculus hippocastanum*)	47,4

Im allgemeinen scheint die Beliebtheit mit dem C:N-Verhältnis der Nahrungsstoffe parallel zu gehen. Die eiweißreichen Blätter von Holunder, Erle, Feldulme, Bergulme, Kanadische Pappel, Haselnuß und Sanddorn werden bevorzugt. Dagegen wird die Streu des Gagelstrauches einige Monate abgelehnt, obwohl sie ein enges C:N-Verhältnis besitzt und sehr eiweißreich ist. Wahrscheinlich spielen hier gewisse Giftstoffe eine Rolle oder der betäubende Duft, der von den Harzdrüsen dieser Pflanze ausgeht. Besonders wichtig ist die Fraßleistung der Regenwürmer an Salweide, Birne, Mehlbeere und Vogelbeere, weil ihre Streu durch andere Organismen anscheinend schwer zersetzbar ist und noch lange Zeit unverändert liegenbleibt, wenn sie nicht von Regenwürmern aufgenommen wird. Wahrscheinlich sind bestimmte Geschmackstoffe dafür verantwortlich. Ohne Regenwurmfraß beginnt bei diesen Arten die Gewebezerstörung durch Mikroorganismen erst im Herbst des folgenden Jahres. Auch DARWIN (1882) beobachtete schon eine geschmackliche Bevorzugung bestimmter Pflanzennahrung.

Roßkastanien bleiben am längsten liegen; nach 10 Monaten ist vom vorjährigen Laub noch 10–20% der Trockensubstanz vorhanden. An Zersetzungsversuchen mit Nadelstreu erkennt WITTICH (1953), daß die lange Zersetzungsdauer der Nadeln dadurch verkürzt wird, daß sie in den Boden eingearbeitet werden. Von Regenwürmern nicht eingewühlte Nadeln liegen noch nach Jahren unversehrt an der Oberfläche.

Die großen und für die bodenbiologischen Leistungen wichtigsten Regenwürmer ziehen Fallaub und Nadelstreu nachts in ihre Gänge und verarbeiten sie dort. Dazu kommen sie zunächst ganz oder mit ihrem Vorderteil aus dem Boden heraus und tasten den Boden nach entsprechenden Nahrungsteilen ab. An ihnen zusagender Streu saugen sie sich fest und ziehen diese oder abgerissene Teile durch ruckartige Körperkontraktionen in ihre Röhren hinein. Die Pflanzenteile werden von ihnen mit einem klebrigen Schlunddrüsensekret befeuchtet, das die Blätter aufweicht und anscheinend die Zersetzung begünstigt. Wenn sie unter Mitwirkung der Bakterien einen für den Wurm günstigen Zustand erreicht haben, wird das Blattgewebe aufgenommen bzw. von den Blattrippen abgesaugt. Auf Böden mit geringer Regenwurmtätigkeit bleibt die Hauptmasse der Streu unzersetzt, und es kommt schnell zu Rohhumusbildung. In Böden mit gutem Regenwurmbesatz erfolgt die Verarbeitung des größten Teiles der anfallenden Streu durch Lumbriciden. Die ebenfalls relativ hohe Fraßleistung durch Arthropoden ist auf größeren Flächen nicht so gleichmäßig verteilt, sie kann aber örtlich von ähnlicher Bedeutung sein.

Zwischen der stofflichen Zusammensetzung verschiedener Streuarten und ihrer Zersetzbarkeit durch Regenwürmer ergeben sich nach verschiedenen Autoren folgende Zusammenhänge:

1. Eiweißreiche Streuarten werden im allgemeinen schneller verarbeitet als eiweißarme.

2. Die durch das C:N-Verhältnis gegebene Beliebtheitsreihe verschiedener Streuarten kann anscheinend durch geschmackliche Bevorzugung bestimmter Laubarten verändert werden.

3. Ein hoher Kalkanteil der Streu bei mittlerem C:N-Verhältnis ist mitbestimmend für eine Bevorzugung.

Neben einer Kalkung kann daher die Regenwurmfauna durch den Anbau eiweißreicher Pflanzen in Forst- und Landwirtschaft gefördert werden. Im Ackerbau wirkt sich besonders der Anbau von Lupine günstig auf die Entwicklung der Lumbriciden aus.

Die Angabe der Biomasse der Regenwürmer eines Bodens vermittelt nicht nur ein besseres Bild von der Leistungsfähigkeit der Lumbriciden, sondern gibt zugleich auch einen Hinweis auf ihre Bedeutung bei der Fixierung stickstoffhaltiger Verbindungen in ihrem Körper. Diese werden nach dem Absterben der Würmer durch Bakterienzersetzung frei und stehen den Pflanzen zur Verfügung. Allerdings ist hier zu berücksichtigen, daß ein relativ großer Anteil des Gewichtes auf den erdigen Darminhalt entfällt. Die von FINCK (1952) angegebenen Zahlen von 3 Millionen Individuen je Hektar Grünland bedeuten ein Gewicht von ca. 20 dt. Dieses Gewicht entspricht etwa dem der von dieser Fläche lebenden 3 Kühe.

Wie hoch der Anteil der Lumbricidenfauna an den Zersetzungsprozessen der Laubstreu ist, unterstreicht auch die nachfolgende Gegenüberstellung der Gewichtsanteile in g/m² der Makrofauna (größere Kerbtiere, Schnecken und Regenwürmer) und ihres Anteiles an Regenwürmern in verschiedenen Waldböden (einschließlich Förna):

1. Rohhumus unter Kiefernwald in Dänemark (Overgaard, 1949):
   Makrofauna insgesamt: 9,42 darunter Lumbriciden: 1,60
2. Rohhumus unter Buchenwald in Holland (van der Drift, 1950):
   Makrofauna insgesamt: 33,46 darunter Lumbriciden: 9,23
3. Beginnende Rohhumusbildung unter Buchenwald in der Pfalz (Volz, 1954):
   Makrofauna insgesamt: 31,85 darunter Lumbriciden: 16,30
4. Mullboden unter Auewald (Erlen-Eschen-Auewald) in der Pfalz (Volz, 1954):
   Makrofauna insgesamt: 50,18 darunter Lumbriciden: 45,50

In einem von Volz (1954) untersuchten Erlenwäldchen hatten die Regenwürmer den größten Anteil an der Streuzersetzung. Ihre Biomasse betrug 68,7% des Gesamtgewichtes der Makrofauna. Es folgten Zweiflüglerlarven mit 9,8%, Schnecken mit 9,7%, Tausenfüßer mit 4,2% und Asseln mit 3,0% im Jahresdurchschnitt. Das Erlenlaub ist sehr stickstoffreich, seine Zersetzung erfolgt sehr schnell unter Beteiligung einer Vielzahl von Tiergruppen. Schon Ende April des folgenden Jahres sind praktisch nur noch die Blattrippen zu finden.

Satchell (1963) berechnet aus der Regenwurm-Biomasse eines Waldbodens und dem Stickstoffgehalt von *Lumbricus terrestris* (1,75% des Lebendgewichtes) eine jährliche N-Produktion von 6—7 g/m² durch Umsetzung aus organischem Bestandsabfall und Festlegung im Körper. Der Kot enthält noch 3,3 g/m² Stickstoff. Zusammen mit der im Körper gespeicherten Menge von 6—7 g/m² macht das etwa 100 kg N je ha und Jahr aus, die dem organischen Bestandsabfall entstammen. Den Verlauf einer Regenwurm-Population im Vergleich mit ihrer Biomasse und anderen Kriterien zeigt die Abb. 32.

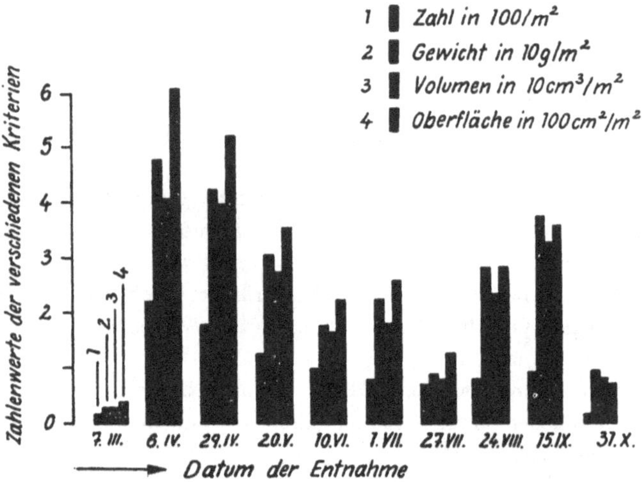

Abb. 32: Änderung der Besatzdichte der Regenwürmer im Verlauf einer Vegetationsperiode im Kartoffelfeld (bei Berücksichtigung von Zahl, Gewicht, Volumen und Oberfläche) (vereinfacht nach KRÜGER, 1952)

Eine wichtige Rolle spielen die Regenwürmer beim Prozeß der Humusbildung. Zwar ist ihre Beteiligung bei der Bildung von Huminsäuren anscheinend gering (DUNGER, 1960), viel geringer als von vielen Autoren angenommen wird, aber für den Ablauf der Humifizierungsprozesse haben sie eine entscheidende Bedeutung einerseits durch die beschriebene hohe Fraßleistung, andererseits aber durch die Bildung von Ton-Humus-Komplexen. Die mit der Nahrung aufgenommenen Mineralteilchen spielen nicht nur bei der Zerkleinerung der Nahrungsteilchen im Darm eine Rolle, sondern sie werden, wie MEYER (1943) röntgenspektrographisch zeigen konnte, innig mit den unverdaulichen Resten der Nahrung vermischt, wobei anscheinend auch chemische Umwandlungen der Mineralstoffe ablaufen. Diese Prozesse führen schließlich zu den Ton-Humus-Komplexen, die durch Sorptionsfähigkeit, Stabilität und Wasserhaltevermögen dem Boden eine optimale Durchlüftung und Strukturerhaltung gewährleisten. Sie schaffen damit für viele kleinere Bodentiere erst günstige Lebensbedingungen. Ton-Humus-Komplexe stellen den wesentlichsten Bestandteil des milden Humus dar und sind Hauptmerkmal des Mulls, der hochwertigsten Humusform des Bodens.

Über die biologischen Vorgänge während der Darmpassage der Nahrung besteht noch keine völlige Klarheit. Actinomyceten (Strahlenpilze) scheinen sich im Regenwurmdarm besonders stark zu vermehren, vielleicht auf Kosten anderer Organismen. Pektinvergärer erfuhren im Regenwurmkot eine Zunahme um 1455% (Füller 1954)!! Ob der erhebliche Anstieg der Bakterienzahlen im Regenwurmkot mit einer Verschiebung der daran beteiligten Arten verbunden ist, kann nicht gesagt werden. Die Rolle der *Azotobacter*-Arten ist nicht geklärt. Überhaupt gehen die Meinungen über den Umfang des Nahrungsspektrums der Regenwürmer weit auseinander. Da sie mit dem Pflanzenabfall und den Mineralteilchen auch ständig lebende pflanzliche und tierische Organismen mit aufnehmen, sind sie möglicherweise sogar als Allesfresser zu betrachten (Füller, 1954); Kotuntersuchungen haben ergeben, daß viele dieser Organismen angedaut oder so weit verdaut werden, daß nur die äußeren Hüllen übrig bleiben. Andererseits wird beschrieben, daß viele Mikroorganismen den Regenwurmdarm unbeeinträchtigt passieren können. Es bleibt eigentlich nur die Vermutung, daß die Lumbriciden eine spezifische Darmfauna und -flora besitzen, die bei ihrer hohen Vermehrungsrate und den optimalen Bedingungen imstande sind, auch quantitativ die ursprüngliche Organismengesellschaft zu verdrängen oder zu ersetzen. Auch über die Zeit des Verbleibs der aufgenommenen Nahrung im Darm gehen die Ansichten auseinander (3 Stunden bis 3 Tage); sie ist vielleicht abhängig von der Aktivität der Würmer (Barley, 1959).

Die Lebenstätigkeit der Regenwürmer bewirkt nicht nur chemische Umwandlungen, sondern auch physikalische Veränderungen, deren Bedeutung wohl noch größer ist. Durch die Aufnahme von organischem und anorganischem Material und das Absetzen der Losung auf der Oberfläche oder in Bodenhohlräumen erfolgt nämlich zugleich eine gründliche Durchmischung der einzelnen Bodenschichten. Eingepflügter Stallmist wird von Regenwürmern schnell mit dem Boden vermischt und ist als solcher bald nicht mehr zu erkennen. Die umgesetzten Materialmengen sind beträchtlich, wie aus den aufgenommenen Fallaubmengen ersichtlich ist. Daß auch die Kotproduktion entsprechend hoch liegt, konnte bereits DARWIN (1882) feststellen. STÖCKLI (zit. nach FRANZ, 1950) rechnet mit über 800 Doppelzentnern Regenwurmkot pro Jahr auf 1 m² Fläche, das ist gewichtmäßig doppelt so viel wie eine starke Stallmistdüngung. Die Stabilität der Regenwurmkrümel ist ungefähr proportional ihrem Gehalt an organischer Substanz; sie ist großen Schwankungen unterworfen.

Eine weitere Folge der Regenwurmtätigkeit ist die allgemeine Auflockerung des Bodens. Sie äußert sich auch in einer beträchtlichen Volumenzunahme. In Vegetationsgefäßen betrug sie bis 27%. Einher geht mit der Volumenzunahme auch eine bessere Durchlüftung und Wasserführung des Bodens. Besonders die senkrechten Röhren spielen hierbei eine wichtige Rolle. Sie sind außerdem bevorzugte Leitbahnen für das Eindringen von Wurzeln in die Tiefe und enthalten oftmals auch in größerer Bodentiefe noch Tiere, die nicht selbst grabfähig sind. Regenwurmröhren, die durch harte Tonschichten stoßen, sind oftmals der einzige Weg für die Pflanzenwurzeln, in tiefere Bodenschichten zu gelangen, von denen sie sonst abgesperrt wären. Andererseits folgen die Regenwürmer oft abgestorbenen Pflanzenwurzeln oder alten Wurzelkanälen.

Die Bedeutung der Lumbricidenfauna macht es notwendig, eventuelle Schädigungen durch Bodenbearbeitungsmaßnahmen usw. möglichst zu vermeiden. Kalkung beeinflußt den Regenwurmbestand in sauren Böden günstig. Fördernd wirkt in Wiesenböden eine Berieselung (NEUMANN, 1962), wobei allerdings eine gewisse Verschiebung des Anteiles der einzelnen Arten auftritt. Den Arten *Lumbricus rubellus*, *Octolasium cyaneum* und *O. lacteum* ist eine Berieselung am wenigsten zuträglich, während allgemein der Lumbricidenbestand wächst. Eine Verdichtung des Bodengefüges, z. B. durch Viehtritt auf Weiden, wirkt negativ.

Die Feinde der Regenwürmer sind sehr zahlreich. An erster Stelle stehen wohl die Wirbeltiere. Kröten, Vögel, aber auch der Mensch (Angelwürmer) stellen ihnen nach. Als gefährlichster Feind gilt der Maulwurf, der sich einen Wintervorrat an lebenden Würmern sammelt. Außerdem sind zahlreiche Käfer, besonders unter den Laufkäfern und manche Tausendfüßer als Feinde bekannt. Letztere verfolgen sie sogar bis in ihre Röhren hinein. Unter den Schnecken fressen *Arion circumscriptus* vorwiegend die kaum beweglichen Ruhestadien von *Allolobophora rosea* (BALTZER, 1956). Eine andere Gruppe von Feinden stellen die Regenwurmparasiten, die den verschiedensten Tiergruppen entstammen.

Gliederfüßer — Arthropoda

Die Rolle der Arthropoden für die Umsetzung des anfallenden Streumaterials wird vielfach unterschätzt. Z. T. liegt das daran, daß man über die Häufigkeit der im Boden vorkommenden Gliederfüßer keine rechte Vorstellung besitzt. DUDICH, BALOGH und LOKSA (1952) fanden bei ihren Untersuchungen, daß etwa 40% der 'anfallenden Waldstreu von der Makrofauna (Asseln, Doppelfüßern, Käfer- und Zweiflüglerlarven) ohne Regenwürmer zersetzt werden. Sie erreichten ¼ der Gewichtsmenge der Regenwürmer. In ähnlicher Weise kommt auch der Mesofauna, die in den Milben und Springschwänzen quantitativ ihre bedeutendsten Vertreter hat, eine weit bedeutendere Rolle beim Abbau des organischen Bestandsabfalls zu, als ihrem Gewichtsanteil nach erscheint. 200000 Individuen/m^2 wiegen nur etwa 1,1 g, benötigen wegen ihrer viel größeren Oberfläche aber etwa 40 mal mehr Sauerstoff als die von der gleichen Fläche isolierten 5,84 g Makrofauna (ohne Regenwürmer). Insgesamt wird damit gerechnet, daß von dem errechneten Gesamtgewicht der Bodentiere etwa 50—80% auf Formen fallen, die organische Abfälle fressen. Rechnet man im Wald mit einer jährlich anfallenden Streumenge von 30—40 dt/ha, so würde dieser Menge an Makrofauna ohne Regenwürmer ein Gewicht von 58,4 kg/ha gegenüber stehen. Unberücksichtigt bleibt dabei in der jährlich anfallenden Nahrungsmenge der jährliche Zuwachs an Wurzelmasse und an abgestorbenen Organismen. Diese Zunahme ist schwierig zu erfassen und eine einfache Bilanz zwischen Nahrungsangebot und tierischer Leistung somit nicht zu erwarten. Hinzu kommt, daß die Aktivität der Streuzersetzer und damit auch ihre Fraßmenge neben individuellen Schwankungen von der Größe der Individuen, von der Temperatur, von Art und Zustand der Nahrung und von anderen Einflüssen abhängig ist. Der Saftkugler *Glomeris marginata* fraß beispielsweise bei 13 °C zweieinhalb mal mehr als bei 7° und bei 18—23 °C viermal mehr (VAN DER DRIFT, 1951). Für die Beurteilung der Rolle der einzelnen Tierarten bzw. Tiergruppen ist deshalb die Kenntnis des Alters, der Größe, des Gewichtes, der Temperatur u. a. wichtig. Zu berücksichtigen ist außerdem, daß gewöhnlich auch die Streuzersetzer nicht ausschließlich Fallaub fressen.

Eine direkte Untersuchung der Fraßleistungen von Bodentieren ist nicht immer möglich oder z. B. bei Milben und Springschwänzen mit so vielen Mängeln und unbekannten Faktoren versehen, daß ihr Wert zweifelhaft wird. Man ist in solchen Fällen auf indirekte Methoden (Atemgröße, Sauerstoffverbrauch) angewiesen. Von den im Boden vorkommenden Arthropoden wird im folgenden nur eine Auswahl näher behandelt.

Milben — Acari. Unter den Arachnoidea — Spinnentieren — spielen nur die Milben bei der Zersetzung des Bestandsabfalls eine größere Rolle. Sie gehören sowohl nach Arten- als auch Individuenzahl zu den häufigsten Bodenbewohnern und kommen praktisch in allen Böden vor. Demgegenüber sind die übrigen Ordnungen der Spinnentiere höchstens als Feinde verschiedener Bodentierarten wichtig.

Die Formenmannigfaltigkeit der Milben ist außerordentlich groß, und außer den Hornmilben, die unter den Bodenmilben am stärksten hervortreten, sind die meisten Gruppen weder systematisch noch ökologisch genügend durchgearbeitet.

Drei Unterordnungen werden unterschieden:

1. Parasitiformes
2. Trombidiformes
3. Sarcoptiformes

Parasitiformes besitzen an den Seiten des beintragenden Körperabschnittes (Podosoma) deutliche Stigmen. Die erwachsenen Tiere sind meist braun bis gelb, einige schlanke Formen auch rosa.

Häufige Bodenbewohner sind die Gamasides. Erhöhung und Verdichtung der Vegetationsdecke fördert sie, so daß ihre Populationszahlen in Wiesenböden, wo außerdem auch ihre Beutetiere reichlicher vorkommen, höher liegen als in Ackerböden. Die Entwicklung der Raubmilben ist temperaturabhängig, starke Schwankungen und Bodentemperaturen unter 10 °C hemmen sie. Gamasiden der Ackerböden sind überwiegend kleine Formen. In Wiesenböden werden als charakteristische Vertreter der Streuschicht die beiden Arten *Pergamasus crassipes* und *P. septentrionalis* genannt. Gegenüber den Bodenspalten bestehen bestimmte Korrelationen: Die Größe der Hohlräume und der Arten nimmt nach der Tiefe zu ab. Darum bewohnen die großen Parasitidae die oberen Bodenschichten, die kleinen Rhodacaridae vorwiegend die tieferen. Parallel dazu zeigen sich Anpassungen durch Reduktion der Pigmentierung, der Beborstung und der Beinlänge.

Einige Arten passen nicht in dieses Schema. Sie (*Pachylaelaps pectinifer siculus* und *Hypoaspis aculifer*) sind euedaphisch, groß und langbeinig. Ihr 2. Beinpaar ist aber auffällig verdickt, so daß KARG (1961) annimmt, daß sie damit auch imstande sind, enge Hohlräume zu erweitern.

Die meisten Gamasiden leben räuberisch von saprophagen und phytophagen Tieren wie Nematoden, Collembolen und Milben (KARG, 1961). Einige Arten sind vielleicht koprophag, und auch fakultative Aasfresser scheint es zu geben. Die vorliegenden Literaturangaben darüber sind nicht einheitlich und schließen wohl nicht aus, daß die entsprechenden Arten nur wegen ihres spezifischen Räuber-Beute-Verhältnisses an Kot oder Kadavern angetroffen werden.

In produktionsbiologischer Hinsicht sind die Gamasiden als Sekundärkonsumenten an der Kette der akkumulativen Organismen beteiligt, gleichsam als Antagonisten der rekuperativen Bodentiere. Eine andere Familiengruppe der Parasitiformes sind die Uropodina. Sie zeigen eine ausgesprochene Formenmannigfaltigkeit. Als Nahrung werden Pilzhyphen und sich zersetzende organische Substanzen angegeben. Viele neigen zur Myrmekophilie (Ameisengäste), andere sind koprophil und besitzen spezifische Anpassungsmechanismen an den Transportwirt. Auch Aas (z. B. von Regenwürmern und Asseln) und langsam bewegliche Bodentiere sollen verzehrt werden. In der Laubstreu von Buchenwäldern sind die Uropodina recht häufig. Ob ihnen dort eine Bedeutung bei der Verarbeitung abgestorbener Pflanzenteile zukommt, kann noch nicht gesagt werden. Als häufige euryöke Art in Waldlaub und Wiesenböden wird *Zercon triangularis* genannt. Die Trombidiformes sind sehr vielfältig in Form und Färbung. Ihre Stigmen liegen an der Basis der Mundwerkzeuge, sind aber schwer sichtbar. Die Ernährungsweise ist unterschiedlich; es kommen vor: Pflanzenparasiten, Parasiten an Säugern, Vögeln und Insekten, Räuber und Konsumenten von toten oder verwesenden organischen Substanzen. Im einzelnen sind diese Dinge noch wenig bekannt. FRENZEL (1936) findet z. B. *Scutacarus* regelmäßig in den tieferen Schichten von Wiesenböden. *Bryobia* (Tetranychidae), die ebenfalls ziemlich regelmäßig in Wiesenböden anzutreffen ist, gehört nicht zur eigentlichen Bodenfauna, sie ernährt sich von frischen Blättern. Dagegen lebt *Siteroptes graminum* von halbzersetzter Pflanzensubstanz, deren Verflüssigung und Fäulnis vom Pilz *Sporotrichum poae* hervorgerufen wird.

Die häufig in der Bodenstreu anzutreffende *Trombidium holosericeum* ist wie die meisten Vertreter ihrer Familie durch eine lebhafte rote Farbe ausgezeichnet. Sie kommt nach KÜHNELT (1950) in der Bodenstreu wärmerer, trockener Wälder ziemlich regelmäßig vor und ernährt sich von lebenden oder toten Insekten. Genaue Aussagen über eine bodenbiologische Funktion der Trombidiformes lassen sich vorerst nicht machen.

Die Sarcoptiformes besitzen keine Stigmen mehr. Ihr Körper ist ungepanzert, weich, weißlich (Acaridiae) oder stark gepanzert und kräftig pigmentiert (Oribatei). Die Acaridiae spielen im Boden nur eine geringe Rolle, dagegen gehören die Oribatiden (= Moosmilben, Hornmilben) zu den häufigsten und bekanntesten Vertretern der Bodenfauna. Sie sind auch ökologisch und systematisch relativ gut untersucht. Charakteristisch sind ihre „pseudostigmatischen Organe" auf dem Propodosoma. Es sind dies borstenförmige Sinnesorgane (Mechanoreceptoren), die vor allem auf feine Erschütterungen und schwache Luftbewegungen reagieren (PAULY, 1956). Augen fehlen, bzw. sind nur bei *Heterochthonius gibbus* nachgewiesen.

Die Vermehrungskapazität der Oribatiden ist größer als vielfach angenommen. Die Samenübertragung ist indirekt, ähnlich wie bei Collembolen, die in den Weibchen sichtbare Zahl der Eier aber sehr gering. Meist sind es nur 1—2, Zahlen von 6 Eiern (*Galumna nervosa*, *Belba clavipes*, *Zetorchestes micronychus*) scheinen schon Ausnahmen zu sein. Nach PAULY (1956) legen z. B. *Damaeus auritus* (= *Belba gracilipes*) etwa 70, *D. clavipes* (= *B. clavipes*) 60 und *D. onustus* (= *B. geniculosa*) 25 Eier in einer Fortpflanzungsperiode ab. Bei vielen Arten der Laubstreu hat sich ergeben, daß die zarthäutigen Jugendstadien woanders leben als die Erwachsenen und anscheinend auch andere Nahrung aufnehmen. Bevorzugte Entwicklungsorte verschiedener Arten sind anscheinend Holzstrünke, abgestorbene Äste und Zweige, einzelne Nadelblätter (Phthiracariden) oder sonstige Holzreste. Manche Arten (z. B. *Belba*) legen ihre Eier auch auf dem Körper ihrer Artgenossen ab, so daß die schlüpfenden Larven jeweils an einen günstigen Ort transportiert werden.

Über die Individuendichte der Milben auf verschiedenen Böden liegen umfangreiche Arbeiten vor. MACFADYEN (1953) vergleicht die in der Literatur vorhandenen Daten mit seinen Ergebnissen und findet die in Tab. 13 gegenübergestellten Zahlen.

Tabelle 13: Milben- und Collembolenbesatz auf verschiedenen Böden unterschiedlicher Klimate. Angaben in 1000 Individuen/m² (auszugsweise aus MACFADYEN, 1952)

Tiergruppen	Grasfläche (WEIS-FOGH)	Buchenwald (V. D. DRIFT)	Heidelbeer-Heide (FORSSLUND)
Acarina	18,5	3,3	116,2
Oribatei	11,0	2,1	68,1
Collembola	8,5	0,7	15,0

Tiergruppen	Molinia-Moor (MACFADYEN) unter: Pfeifengras	Schmiele	Binse
Acarina	132,1	80,0	20,7
Oribatei	120,7	71,2	16,1
Collembola	25,0	24,0	7,2

Die Zahlen von MACFADYEN sind Durchschnittswerte aus 12 Monaten, entnommen bis zu einer Tiefe von 5 cm.

Temperatur und Feuchtigkeit sind für die Oribatiden die wichtigsten ökologischen Verbreitungsfaktoren. Mit Ausnahme der Pelopsiden und Notaspididen sind sie sehr wärmeempfindlich.

Auf die Feuchtigkeit reagieren die einzelnen Arten sehr verschieden. Einige sind ausgesprochene Wasserbewohner (*Hydrozetes, Limnozetes ciliatus*). Aber auch von den echten Landbewohnern bleiben nach Wittasek (zit. nach Kühnelt, 1950) manche bei Überschwemmungen aktiv (*Astegistes pilosus* und *Oribatula tibialis*). Das scheinen aber Ausnahmen zu sein, denn gegen Bodennässe sind die Oribatiden an sich sehr empfindlich (Pauly, 1956). Eine gewisse Bodenfeuchtigkeit ist nach Riha (1951) Voraussetzung für eine aktive Fortbewegung der meisten Hornmilben. Die Reaktion gegenüber Austrocknung ist bei landbewohnenden Arten verschieden stark ausgeprägt, wobei im allgemeinen die großen, stark gepanzerten und skulpturierten Formen widerstandsfähiger sind als die kleinen und wenig gepanzerten. Riha (1951) unterscheidet nach der Überlebenszeit an trockener Luft (Exsikkator über Kalziumchlorid) vier Gruppen, wobei sie folgende Zeitkriterien setzt: Überlebensdauer unter 12^h; $12-24^h$; 1–3 Tage; über 3 Tage. Entsprechend dieser abgestuften Widerstandsfähigkeit gibt es auch eine Abstufung der Formen von nassen zu trockenen Böden.

Über die Nahrung der Hornmilben (Oribatiden) werden z. T. widersprechende Angaben gemacht. Einige Arten scheinen streng an eine bestimmte Nahrung gebunden, andere ziemlich euryphag zu sein. Die meisten Hornmilben der Laubstreu können das Laub erst fressen, wenn es entsprechend aufgeweicht ist. Dagegen sollen *Pelops*-Arten trockenes Gras und Laub fressen. Räuber und obligate Aasfresser sind unter den Oribatiden nicht bekannt. Die genaueren Ansprüche an die Nahrung sind noch nicht genügend geklärt. In umfangreichen Fütterungs- und Darminhaltsuntersuchungen konnte Schuster (1956) zunächst die Angaben Rihas (1951) korrigieren: Eigentliche Aasfresser gibt es unter den Oribatiden nicht, höchsten gehen einige Arten beim Fehlen geeigneter Nahrung auch an Aas als Notnahrung.

Aus dem Darminhalt zahlreicher Hornmilben typisierte er 25 verschiedenartige Bestandteile, deren wichtigste sind

1. Tierische Reste: Cuticularbruchstücke, Klauen, Haare u. ä.
2. Ammonitenhyphen: Spiralig aufgerollte Konidien einer helicosporen Dematiacee (Fungi imperfecti)
3. Pilzhyphen
4. Algenfäden
5. Pilzkeulen: Pilzliche Reste, größtenteils Teleutosporen z. B. von *Puccinia* spec.
6. Pilz- und Moosporen: Ein- bis sechzehnzellige Sporen
7. Thallusreste
8. Pollen
9. Moosreste: Gewebereste von Moosblättchen
10. Makrophytenzellen: Meist Bruchstücke von Parenchymzellen
11. Ligninelemente: Alle Partikel mit positiver Ligninreaktion
12. Mineralkörnchen.

Schuster ordnet die Oribatiden in folgende ernährungsbiologische Gruppen:

a) Mikrophytenfresser (Hauptnahrung Pollen, Algen, Moosreste, Flechten, verschiedene Sporen, Pilzhyphen):

Trhypochthonius tectorum, *Amerus troisii*, *Belba verticillipes*, *B. aurita*, *Metabelba pulverulenta*, *Belba compacta*, *B. riparia*, *B. tatrica*, *B. corynopus*, *B. clavipes*, *Gymnodamaeus bicostatus*, *Oppia subpectinata*, *Eremaeus hepaticus*, *Ceratoppia sexpilosa*, *C. quadridentata*, *Gustavia microcephala* usw.

b) Makrophytenfresser (Hauptnahrung sind in Zersetzung begriffene Streu- und Holzreste, Blatthaare, Wurzelteile u. a. makrophytischer Bestandsabfall):

Perlohmannia dissimilis, *Hermanniella granulata*, *Tropacarus pulcherrimus*, *Steganacarus applicatus*, *St. laevigatus*, *St. clavigera*, *Pseudotritia monodactyla*, *Oribotritia loricata*, *O. cribaria*, *O. decumana* u. a.

c) Nichtspezialisten (Hauptnahrung mikro- und makrophytische Reste):

Nanhermannia elegantula, Nothrus silvestris, N. palustris, Platynothrus peltifer, Hermannia gibba, Neoliodes farinosus, Xenillus tegeocranus, Carabodes areolatus, Liacarus coracinus, L. xylariae, L. tremellae, Zetorchestes micronychus, Euzetes semilunum.

Das Futtermaterial mußte in den Versuchen SCHUSTERS (1956) eine gewisse Feuchtigkeit besitzen, anderenfalls stellten die Hornmilben das Fressen ein. Fallaub wurde gewöhnlich von der morphologischen Unterseite her angefressen.

Als typische Holzfresser erwähnt SCHUSTER (1956) die Phthiracariden. Belbiden sind Makrophytenfresser. Über die Ernährung von Jungtieren ist wenig bekannt. STRENZKE (1952) nimmt an, daß sie vorwiegend mazeriertes Fallaub fressen. Im Versuch zogen die Oribatiden frischen organischen Bestandsabfall den angebotenen Losungsballen von Juliden (Doppelfüßer) und Oniscoiden (Landasseln) vor. Koprophagie kommt im allgemeinen nicht vor.

Die Populationskurven der Hornmilben zeigen im Jahresablauf die gleichen Tendenzen wie die Mehrzahl der übrigen Bodenbewohner: Maxima im Frühjahr und Herbst, bedingt durch eine günstige Kombination der Feuchtigkeits- und Temperaturverhältnisse.

Die Vertikalverteilung der Oribatiden im Boden hängt ab von den Feuchtigkeits- und Nahrungsansprüchen der einzelnen Arten. Die Förna ist in der Regel verhältnismäßig schwach besiedelt mit größeren, trockenresistenten Formen, z. B. den unzersetzte Streu fressenden *Pelops*-Arten. Die F-Schicht enthält zahlreiche Formen, die hauptsächlich aufgeweichte Pflanzenreste fressen. Auch die H-Schicht ist noch gut besiedelt. Dagegen treten die Hornmilben im B-Horizont stark zurück. Es kommen nur noch kleine, rasch bewegliche und schwach gepanzerte Arten vor, vor allem: *Oppia*, *Brachychthonius*, kleine *Galumna*-Arten usw. Bei einer Reihe von Hornmilben sind Vertikalverschiebungen nachgewiesen worden (STRENZKE, 1952; RIHA, 1951 u. a.) s. S. 59. Sie betreffen vor allem die hemidaphischen Arten; Ursachen sind Austrocknung, Frost, bisweilen auch übermäßige Feuchtigkeit. Besonders empfindlich reagieren die Oribatiden gegenüber schnellen Temperaturschwankungen. Die Vertikalwanderungen werden vielfach durch das enger werdende Hohlraumsystem begrenzt.

Da Milben nicht selbst graben, findet man größere Formen nur in lockeren, hohlraumreichen Böden, während in dichten, hohlraumarmen Böden nur kleine Formen wie *Phthiracarus borealis* und *Haploderma*-Arten vorkommen können.

Als regelmäßige Wiesenbewohner nennt FRENZEL (1936) folgende Hornmilben: *Nanhermannia nana*, *N. elegantula*, *Brachychthonius brevis*, *Nothrus palustris*, *Platynothrus peltifer*, *Suctobelba trigona*, *Oribella paolii*, *Tectocepheus velatus*, *Scheloribates latipes*, *Sch. laevigatus*, *Ceratozetes mediocris*, *Punctoribates punctum*, *Pelops occultus*, *Peloptulus phaenotus* und *Gustavia microcephala*.

HAARLOV (1960) erkennt bei seinen Untersuchungen, daß Mikroarthropoden von Standorten, die einem starken Wechsel ökologischer Faktoren unterliegen, kleinere Formen aufweisen als von Standorten mit gleichbleibendem Milieu. Je weniger Zeit für die Entwicklung zum adulten Tier notwendig ist, desto größer wird die Chance, die Entwicklung zu vollenden. Deshalb werden kleinere Arten, deren Entwicklung im allgemeinen schneller abläuft und deren Generationszahlen gewöhnlich höher liegen, mit dem Wechsel ökologischer Faktoren eher fertig und dominieren in solchen Habitats.

Häufigkeit und Zahl machen die Oribatiden zu wichtigen Erstzersetzern. Wenn die Nahrung feucht ist, sind ihre Fraßleistungen relativ hoch. Die chemischen Umsetzungen der Nahrung während der Darmpassage sind dagegen auch bei ihnen unbedeutend. Die Nahrung wird wenig ausgenutzt, passiert schnell den Darm, und die Kotproduktion ist entsprechend groß. Deshalb werden ziemlich große Fraßmengen zur Deckung des Nahrungsbedarfes notwendig. Auffällig stark ist die mechanische Zerkleinerung der organischen Substanz und damit die Vergrößerung ihrer Oberfläche in den Exkrementen der Oribatiden. Eine Humifizierung tritt dabei nicht ein. Anscheinend ist aber der Kot der Hornmilben bei den Folgezersetzern weniger beliebt, er bleibt an extremen Standorten oft lange Zeit unverändert erhalten.

An der Vermischung von organischem und anorganischem Material haben die Hornmilben keinen Anteil.

Die Leistungen der Oribatiden lassen sich aus ihrem Sauerstoffverbrauch berechnen. BERTHET (1963) findet auf der Streuoberfläche im Juli/August einen Sauerstoffverbrauch von max. 22,5 cm^3/l Streu, in tieferen Lagen im September max. 19 cm^3/l, bei monatlichen Durchschnittstemperaturen von 15,5 °C. Die Werte sind in Tab. 14 zusammengestellt. Es entsprechen 4,5 Liter O_2-Verbrauch/m^2 und Jahr einer angenommenen vollständigen Verbrennung von 11 g Zellulose. Umgerechnet wäre das ein Verbrauch an Trockensubstanz von 300 g/m^2 und Jahr. Danach käme den adulten Hornmilben unter den gegebenen Versuchsbedingungen ein Anteil an der Streuzersetzung von 3,66% der Gesamtstreu zu. Von den 46 untersuchten Arten verbrauchten *Platynothrus peltifer* und *Steganacarus magnus* 50% des gesamten Sauerstoffs, ein Hinweis zugleich auf die unterschiedliche Leistungsfähigkeit der einzelnen Arten.

Über die Wirkung von Düngemitteln liegen sehr unterschiedliche Angaben vor. Frischmist wird aber anscheinend von Oribatiden nicht vertragen. Augenscheinlich sind sie gegen Fäulnisprozesse sehr empfindlich. Auch im Klärschlamm treten sie erst nach dem Abklingen der Fäulnisvorgänge, die durch die Uropodina und Acaridiae charakterisiert sind, auf. An starken Gülle- oder Reinwassergaben gehen die Oribatiden zugrunde (FRANZ, 1953). Im Boden ist bei einer Verschiebung von Fäulnisprozessen in Richtung Verwesung mit einer Zunahme an Hornmilben zu rechnen (*Brachychthonius*-Arten).

Tabelle 14: Zusammenfassung der Versuche über die Höhe des Sauerstoffverbrauches der Oribatiden der Waldstreu (BERTHET, 1963)

	oberste Streuschicht	tiefere Streuschicht
Jährliche durchschn. Dichte/m²	50600 Oribat.	83000 Oribat.
Biomasse in g/m²	2,612	2,765
O_2-Verbrauch in ml/Liter Streu und Jahr	122,634	101,775
O_2-Verbrauch in Liter/m² und Jahr	2,452	2,036
O_2-Verbrauch in ml/m² und Stunde	0,280	0,232

Die Rolle der bodenbewohnenden Hornmilben besteht bei den makrophytenfressenden Formen damit im wesentlichen in einer Zerkleinerungsleistung, wobei die Vergrößerung der Angriffsfläche für die folgenden chemisch-physikalischen und mikrobiellen Bodeneinflüsse am wichtigsten sein dürfte. Bei den mikrophytenfressenden Arten liegt die Wirkung in erster Linie in der Aufarbeitung von Pilzmyzelien. Außerdem hat sich gezeigt, daß Pflanzenmaterial, das den Verdauungsapparat der Bodentiere passiert hat, schneller humifiziert wird.

Als Feinde der Oribatiden kommen Spinnen, Käfer (besonders Staphyliniden) und Raubmilben (Gamasiden) in Betracht.

Asseln — Isopoda. Landasseln spielen bei der Aufarbeitung von Fallaub und Holzresten eine beträchtliche Rolle, vor allem in Laub- und Mischwäldern. An Sonderstandorten, wie Schutthalden und sonstigen Ruderalstellen, sind sie häufig die wichtigsten Erstzersetzer. Dagegen treten sie in Kulturböden im allgemeinen stark zurück.

Die einzelnen Arten sind in sehr verschiedenem Grad von der Feuchtigkeit ihres Aufenthaltsortes abhängig. Ihre Atmungsorgane sind an die Luftatmung angepaßt.

Oniscoideen (Landasseln) besitzen als Krebstiere noch Kiemen, die aber durch die Exopoditen der Pleopoden (Afterfüße) geschützt sind und durch ein kapilleres Wasserleitungssystem feucht erhalten werden (Ligiiden, Trichonisciden); bei Onisciden, Porcellioniden und Armadillidiiden sind in den Exopoditen der Pleopoden Tracheensysteme für die Luftatmung entwickelt. Als Schutzreaktion gegen Austrocknung versuchen manche Arten ihre Oberfläche zu verkleinern, indem sie den Körper an die Unterlage anpressen (z. B. die Mauerassel *Oniscus asellus*) oder sich zusammenkugeln (z. B. Kugelasseln der Gattung *Armadillidium*).

Ein anderer wichtiger Faktor für das Vorkommen der Landasseln ist der Kalkgehalt des Bodens. Asseln benötigen den Kalk zum Einbau in ihren Panzer. Das Kalkbedürfnis hat manche Arten wie *Porcellio scaber* (Kellerassel), *Armadillidium vulgare* (gemeine Rollassel) und *Tracheoniscus rathkei* zu ausgesprochenen Kulturfolgern werden lassen.

Die Populationsschwankungen der Asseln sind zum Teil durch ihre Fortpflanzungsperioden bestimmt, die wiederum sehr stark von den Temperaturverhältnissen beeinflußt werden. Dabei bleibt das Populationsgewicht annähernd gleich (Dunger, 1958). Außerdem ist Dauer und Zahl der Marsupialperioden der Weibchen bei den einzelnen Arten verschieden.

Man rechnet im Freiland bei *Armadillidium vulgaris* jährlich mit 1(−2) Perioden, bei *Porcellio scaber* 2, *Trichonicus pusillus pusillus* 5−6; letztere ist nach Beyer (1958) parthenogenetisch. Im Geschlechtsverhältnis treten bei Männchen zwei Maxima auf, die mit den Minima der Brutweibchen zusammenfallen. Interessanterweise treten auch standortbedingte Größenunterschiede auf. Das ist deshalb bemerkenswert, weil bei allen von Beyer (1958) untersuchten Arten eine der Größe der Brutweibchen parallel gehende Zunahme der Anzahl der Jungen ermittelt wurde. Das gilt anscheinend sowohl für den Größenvergleich innerhalb einer Art, als auch beim Vergleich verschiedener Arten miteinander.

Bezüglich der Nahrung sind Asseln wenig wählerisch. Gut durchfeuchtetes Fallaub und Holzreste werden vor allem gefressen. Daneben kommen noch Algen, Pilze und Moose als Nahrung in Betracht. Jungtiere (und kleine Arten) skelettieren die Blätter, die erwachsenen Tiere fressen das ganze Blatt. Dabei werden auch Mineralteilchen aufgenommen und mit organischen Teilen eng vermischt. Die mikroskopische Kotuntersuchung zeigt, daß schwer zersetzbare organische Substanzen, besonders Zellulose, kaum aufgeschlossen werden. Die Vorliebe für eine bestimmte Nahrung scheint abhängig von einem bestimmten, durch Bakterien verursachten Zersetzungsgrad der Blätter zu sein, sie steigt mit der Zartheit der Blätter. Auch Geschmackstoffe spielen eine Rolle.

Die starke Bindung an Feuchtigkeit und Kalkgehalt des Bodens bewirken sowohl regionale als auch Standortunterschiede. Neben ausgesprochen euryöken Arten, wie *Tracheoniscus rhatkei*, gibt es solche, die wegen ihrer spezifischen (Feuchtigkeits-)Ansprüche gut zur Standortcharakterisierung herangezogen werden können. Allerdings gehen die entsprechenden Angaben der einzelnen Autoren bei manchen Arten weit auseinander. Die häufige *Ligidium hypnorum* stellt relativ hohe Ansprüche an die Feuchtigkeit und ist an entsprechenden Stellen das ganze Jahr über regelmäßig zu finden, so lange der Boden nicht gefroren ist. Ebenso ist *Trichoniscus pusillus pusillus* eine ausgesprochen hygrophile Form, die auch Staunässe gut verträgt, aber gegen Austrocknung sehr empfindlich ist. *Porcellium*-Arten sind häufig in Auewäldern. Trockene Hänge beherbergen *Armadillidium versicolor quinqueseriatum*; *A. vulgare* liebt trockene, kalkhaltige Standorte. Die Mauerassel *Oniscus asellus* wieder stellt hohe Feuchtigkeitsansprüche an den Aufenthaltsort.

Für die Beurteilung der Zersetzungsleistungen der Asseln ist es zunächst wichtig, daß ihre Besatzdichte schon im Abstand von wenigen Metern stark schwankt. Biwer (1961) fand auf 10 Probeflächen von je 1 m² nicht eine einzige Assel, dagegen auf einer weiteren Probefläche desselben Waldes 400 Tiere/m². Das Auftreten der Asseln war durch den Baumbestand bestimmt. In Nadel- und Eichenwäldern wurden keine Asseln angetroffen. Am zahlreichsten waren sie in Stammnähe in den feuchten und noch unzersetzten Laubschichten von Birken- und Hainbuchenwäldern, sowie von Erlenbrüchen. In diesen Biotopen dominierten *Armadillidium vulgare*, *Oniscus asellus*, *Porcellio scaber*, *Ligidium hypnorum*, *Hyloniscus riparius*. Sie bevorzugen im Freiland als Nahrung Fallaub in fortgeschrittenerem Zersetzungsgrad und verpilztes Holz. Überwintertes Fallaub wird stärker befressen als frisches. *Ligidium hypnorum* und *Hylonicsus riparius* sind als Streuzersetzer besonders wichtig, weil sie Laubschichten bevorzugen, die von den meisten anderen Bodentieren wegen zu großer Feuchtigkeit gemieden werden.

Biwer (1961) stellte für *Porcellio scaber* in Wahlversuchen folgende Präferenzreihe mit abnehmender Fraßleistung für frisches Fallaub auf: Haselnuß, Erle, Pappel, Linde, Ulme, Ahorn, Weißbuche, Rotbuche, Eiche. Dabei fraßen in 4 Tagen

10 g *Porcellio scaber* (Kellerassel, 306 Exemplare) 3 g frisches Haselnußlaub (Trockensubstanz), d. s. 30% ihres Körpergewichtes; CO_2-Abgabe 7,77 mg/h

10 g *Armadillidium vulgare* (gemeine Rollassel, 76 Exemplare) 1 g frisches Haselnußlaub (Trockensubstanz), d. s. 10% ihres Körpergewichtes; CO_2-Abgabe 3,61 mg/h.

Bei länger gelagertem, d. h. bakteriell vorzersetztem Haselnußlaub waren die entsprechenden Leistungen wesentlich höher. Die Gegenüberstellung zeigt, daß leichtere Tiere im Verhältnis zu ihrer Körpermasse mehr Nahrung aufnehmen als schwerere; das gleiche Ergebnis zeigte die durch die Kohlendioxydabgabe gemessene Atemgröße der beiden untersuchten Arten.

Dunger (1958), der die gleichen Arten untersuchte, findet unter Versuchsbedingungen bei der Berechnung der monatlich gefressenen Streumengen eineTemperaturabhängigkeit (Abb. 33), d. h. ein starkes Anwachsen der Leistung bei Temperaturen über 20 °C. Da die Bodentemperaturen im allgemeinen jedoch zwischen 0—20° liegen, unterliegt die Fraßleistung aber weit weniger dem Temperatureinfluß als es die Abbildung ausdrückt.

Die Aktivität vieler Asseln wird anscheinend nach Regenfällen besonders groß.

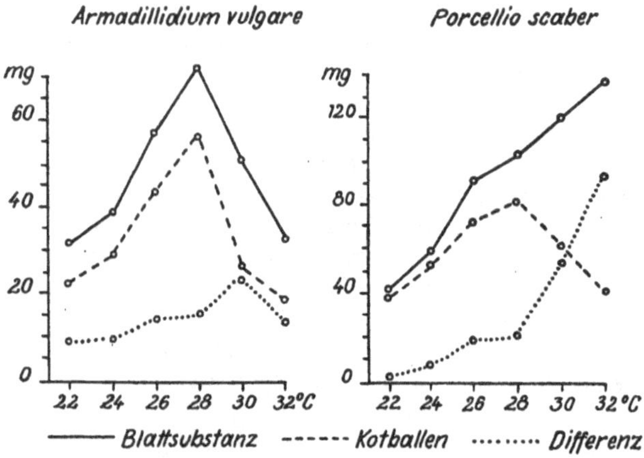

Abb. 33: Temperaturabhängigkeit des Fraßes von 2 Isopodenarten an *Acer pseudoplatanus*. Differenz = Menge der für den Bau- und Betriebsstoffwechsel der Tiere verbrauchten Substanz (als Maß für die Intensität des Stoffwechsels) (nach DUNGER, 1958)

Die Berechnung der Fraßmenge kann nach folgender Formel erfolgen:

$$K = 30 \cdot \frac{t^x}{t^{18}} \cdot \frac{\sqrt[3]{g^2} \cdot KQ}{100} \cdot \frac{m}{g}$$

$K =$	monatliche Fraßmenge einer Tierart oder -gruppe in mg lufttrockener Blattsubstanz je m² Bodenoberfläche
$m =$	Biomasse in mg
$\frac{m}{g'}$ bzw. $\frac{m}{g} =$	Anzahl der Tiere mit ihrem Durchschnittsgewicht g' (alkoholfixiert) bzw. g (lebend)
$30 =$	Zahl der Tage im Monat
$\sqrt[3]{g^2} \cdot KQ : 100$	durchschnittliche tägliche Fraßmenge in mg
$KQ =$	Konsumquotient, (= van der Driftsche Zahl), ein Proportionalitätsfaktor, der die unterschiedlichen Tiergewichte ausschaltet

t^x = monatliche Durchschnittstemperatur in der Natur

t^{18} = Versuchstemperatur von 18°

Der Quotient t^x/t^{18} korrigiert die temperaturabhängigen Unterschiede im Nahrungsverzehr der Versuchstiere.

Im Durchschnitt werden nach GERE (1956) bei Asseln (und Doppelfüßern) 2,3% der Nahrung (frisches Fallaub) für den Baustoffwechsel benötigt, 3,4% für den Betriebsstoffwechsel und 94,3% wandern in die Exkremente. Bei Laub aus tieferen Streuschichten gingen 3,2% in den Baustoffwechsel, 14,5% in den Betriebsstoffwechsel und 82,3% in den Kot.

Die wesentlichste bodenbiologische Leistung der Asseln besteht in ihrer großen mechanischen Zerkleinerungsarbeit. An bevorzugten Stellen bilden sich bisweilen dicke Schichten von Asselkot, der dann von kleineren Tieren (z. B. Collembolen, Enchytraeiden, Nematoden) weiter abgebaut werden kann. Dagegen liegen über die chemischen Umsetzungsleistungen widersprechende Ergebnisse vor. BIWER (1961) konnte im Asselkot Flagellaten, Nematoden und Bakterien nachweisen. Bei eiweißreicher Nahrung (Erlenlaub) ist der Kot dunkel gefärbt und es sind darin nur noch wenige Pflanzenreste nachzuweisen. Dagegen ist bei anderen Blattarten der chemische Aufschluß gering. Die von FRANZ und LEITENBERGER (1948) an Asseln, Tausendfüßern u. a. ermittelten relativ hohen Zunahmen an Huminstoffen während der Darmpassage konnten von VAN DER DRIFT (1949) und DUNGER (1958) nicht bestätigt werden; sie sind vielleicht bedingt durch zu lange Lagerung der Exkremente, wodurch Veränderungen vom Zeitpunkt ihrer Ablage bis zur Analyse in das Ergebnis eingingen.

Die wesentlichste chemische Veränderung während der Darmpassage besteht in der starken Abnahme des Calziums (bis zu 32% nach DUNGER, 1958) und des Phosphorgehaltes (bis 20% bei Glomeris marginata, nach VAN DER DRIFT, 1951).

Tausendfüßer — Myriapoda. Bei den Diplopoden (Doppelfüßer) besteht der Körper außer den ersten 3 Rumpfsegmenten aus Doppelsegmenten, die jeweils 2 Beinpaare tragen. Die Junglarven sind insektenähnlich und tragen zunächst nur an den vorderen 3 Segmenten Beine. Die Saftkugler (Glomeriden) sind durch ihren kurzen, kräftigen Körper und die Fähigkeit, sich zu einer Kugel zusammenrollen zu können, den Rollasseln (Armadillidiiden) sehr ähnlich. Sie kommen bei uns regelmäßig in der Laubstreu der Wälder, besonders auf anstehendem Gestein und in zerfallenden Baumstrünken vor. Alle Diplopoden sind in Verbreitung und Vorkommen weitgehend vom Kalkgehalt des Bodens abhängig.

Die Nahrung ist rein pflanzlich und besteht im wesentlichen aus abgestorbenem Laub, das sie skelettieren und aus $\pm$ zersetztem Holz. Sie sind dabei nicht auf bestimmte Pflanzen angewiesen, bevorzugen aber eiweißreiche Nahrung. Beliebt sind vor allem vermodernde Ahorn-, Haselnuß- und Erlenblätter (Seifert, 1961). Einige Arten weiden Algenrasen ab oder fressen Pilzhyphen, Mulm; sehr selten auch frisches Laub. Reine Blattstreufresser sind Glomeriden (Saftkugler) und viele Juliden (Schnurfüßer). *Glomeris marginata* bevorzugt trockenes, unzersetztes Buchenfallaub, während *G. conspersa* schon etwas zersetztes, durchfeuchtetes Laub vorzieht. Krüger (1952) hält Diplopoden für die besten Indikatoren für die Verteilung der organischen Substanz im Boden.

Die mit seitlich abstehenden Pleuren versehenen Polydesmiden (Bandfüßer) sind nach Kühnelt (1950) außerordentlich wirksam an der Aufarbeitung feuchten, faulenden Holzes und aufgeweichten Fallaubes beteiligt. Unzersetztes Fallaub wird nicht von ihnen angegriffen; bevorzugt dagegen solches, das von Pilzhyphen durchwachsen und gut durchfeuchtet ist. Solche Schichten können an bevorzugten Stellen von Polydesmiden schnell verarbeitet und in Mull verwandelt werden (Romell, 1935). Auch die zylindrischen Juliden gehören zu den regelmäßigen und häufigen Bewohnern der Bodenstreu und des faulenden Holzes, wobei sie aber Laubwälder bevorzugen; *Cylindroiulus nitidus* frißt mit Vorliebe Buchenfallaub. *Cylindroiulus meinerti* und *C. boleti* verarbeiten beträchtliche Mengen feuchten Holzes in Stubben u. a. Einige Arten der Schnurfüßer gehen auch an frische Pflanzenteile (*Pachiulus*), andere (*Blaniulus guttulatus*) zeigen eine gewisse Vorliebe für Aas verschiedener Tiere, wurden aber auch an Kot und an Kartoffelknollen angetroffen.

Die Reaktion gegenüber dem Feuchtigkeitsgehalt des Standortes ist sehr verschiedenartig entwickelt. Eine gewisse Feuchtigkeit benötigen alle Diplopoden, im einzelnen sind ihre Ansprüche aber sehr verschieden. Direkte Nässe wird stets gemieden. Plätze mit direkter Sonnenbestrahlung sind wegen der stärkeren Austrocknung weniger bevölkert.

Besonders die Eier der Diplopoden sind sehr trockenempfindlich und werden deshalb einzeln (Glomeriden) mit einer festen, harten Schale aus erdigem Kot und Drüsensekret umhüllt, oder es werden (bei vielen Juliden und Polydesmiden) als Schutz vor Austrocknung Glockennester für die Eier aus demselben Material hergestellt.

Zarte Formen, wie *Leptoiulus* und *Cylindroiulus*, sind an dauernd feuchte Substrate gebunden, andere sind ausgesprochen trockenresistent (z. B. *Schizophyllum sabulosum*, *Chromatoiulus unilineatus*).

Der Lebensrhythmus vieler Diplopoden wird durch das Klima bedingt; eine Reihe von Arten sterben nach der Fortpflanzung im Herbst ab, andere werden durch Kälte zu einer Winterruhe veranlaßt — bisweilen auch durch Hitze und Trockenheit zu einer Sommerruhe — wobei sie zusammengerollt in einem Kämmerchen im Boden die ungünstige Zeit überstehen. Dieser Rhythmus tritt ebenso in dem von Gere (1956) beobachteten Saisonzyklus des Stoffwechsels zutage, der im Frühjahr lebhafter war als im Herbst. Ähnliches zeigte sich bei Isopoden.

Am häufigsten findet man Diplopoden in Auewäldern und Erlenbrüchen. Hier leben sie vor allem in der Laubstreu und in vermodernden Stubben. Nur wenige Arten dringen in den Boden selbst ein, in den sie sich auch aktiv eingraben können. Anscheinend gibt es eine artlich gebundene Vertikalschichtung bei den Diplopoden (Krüger, 1952).

Im Jahresablauf treten im Frühjahr und Herbst Populationsmaxima auf; besonders im Oktober scheinen optimale Existenzbedingungen zu herrschen.

Unter den Juliden und Polydesmiden gibt es viele Arten, die während des ganzen Jahres geschlechtsreif sind, bei anderen treten geschlechtsreife Tiere nur zu bestimmten Zeiten auf (Sommer-, Herbst-Diplopoden usw.).

Die Häufigkeit der Diplopoden ist im allgemeinen nicht sehr hoch. Sie spielen bodenbiologisch höchstens lokal eine größere Rolle. Da die meisten Arten nicht nur den Bestandsabfall verarbeiten, sondern auch regelmäßig Mineralkörnchen und Erde mit aufnehmen, kommt ihnen auch bei der Durchmischung der Bodenschichten eine Rolle zu. Ihr häufiges Vorkommen an felsigen Standorten macht sie zu wichtigen Erstbesiedlern, deren Losung dort wesentlich zur Bodenbildung beiträgt. Sie ermöglicht es erst vielen Pflanzen, sich an solchen Standorten anzusiedeln. Dunger (1958) stellte bei *Cylindroiulus teutonicus* fest, daß häufig reine Sand-Kotballen abgelegt werden; die Tiere haben dieses Substrat wahrscheinlich nur gefressen, um Gänge im Boden anzulegen.

Das Alter der Tausendfüßer ist sehr unterschiedlich. Herbstformen sind am kurzlebigsten; die Lebensdauer von der Junglarve bis zur Vermehrung und zum Tod dauert nur 7—8 Monate. Polydesmiden leben etwa 2½—3 Jahre. Die Entwicklung der Glomeriden wird mit 3½ Jahren angegeben, ihr Alter mit 6—7 Jahren. Auch bei manchen Juliden ist ein Alter von 6½ Jahren festgestellt worden.

Die täglichen Fraßleistungen der Diplopoden bei der Zersetzung des Bestandsabfalles werden von Gere (1956) mit 0,5—4% ihres Körpergewichtes angegeben. Sie liegen damit niedriger als von anderen Autoren publiziert wurde. Z. B. fraßen 53 mg schwere Saftkugler (*Glomeris marginata*) im Versuch (VAN DER DRIFT, 1951) täglich 62% ihres Gewichtes an Streu; 115 mg schwere Tiere nahmen täglich 49% ihres Körpergewichtes an Streu auf und 200 mg schwere ca. 32%. Auch hier also eine größere Stoffwechselleistung bei kleineren Tieren.

BOCOCK (1963) berechnet aus Fütterungsversuchen an *Glomeris marginata*, daß 0,29—0,45% des konsumierten Eschenlaubes in körpereigene Substanzen umgewandelt werden (bei *Glomeris hexasticha* gibt GERE (1956) 0—4,99% an). Nimmt man bei einem Lebensalter von 6 Jahren und einem Gewicht von 60 mg pro Tier an, daß maximal 5% des konsumierten Laubes in körpereigene Substanzen umgewandelt werden, so müßten in der angegebenen Zeitspanne von ihm 1,2 g organische Trockensubstanz aufgenommen werden. Bei 100 Tieren/m² sind das im Jahr 20 g organische Trockensubstanz. Damit könnten diese 100 Tiere 1,7—10% des jährlich anfallenden Laubes verzehren.

Die Leistungen der Diplopoden werden häufig mit denen der Isopoden gleichgesetzt. Beide Gruppen machen zusammen etwa 10% der saprophagen Makrofauna aus. Diplopoden scheinen im Versuch aber stärker zwischen den verfütterten Laubarten zu unterscheiden als Isopoden. Die wirkliche Fraßleistung an Fallaub ist bei Doppelfüßern und Asseln schwer zu bestimmen, da sie auch Algen, Pilze und Moose fressen. DUNGER (1958) schätzt, daß sie an den von ihm untersuchten Standorten (Auewald) etwa ⅓ der jährlich anfallenden Streu von 150 g/m² (lufttrockenes Fallaub) verzehren, wobei die Diplopoden das Doppelte leisten wie die Isopoden. Über die chemische Umsetzungsleistung im Darm der Diplopoden gilt das bei den Isopoden Gesagte. Die während der Darmpassage ablaufenden Humifizierungsvorgänge sind gering, d. h., die aufgenommene Nahrung wird nur wenig ausgenutzt, praktisch nur zerkleinert. An geeigneten Standorten gehören aber die Diplopoden zu den wichtigsten Primärkonsumenten und machen durch Zerkleinerung und Freilegung des Lignins den organischen Abfall für den Angriff der Folgezersetzer und Mikroorganismen erst bereit. Durch Bodenbearbeitung im Frühjahr werden Diplopoden anscheinend wenig gestört (KRÜGER, 1952). In Kartoffelfeldern bevorzugten die Jungtiere tiefere Lagen. Mineralischer Stickstoff wirkt ungünstig auf Diplopoden (HERBKE, 1962).

Als Feinde der Diplopoden kommen außer ihren Parasiten alle insektenfressenden Landwirbeltiere in Betracht. Auch Raubinsekten ernähren sich häufig von ihnen. Dagegen scheinen Spinnen durch ihren Wehrsaft abgeschreckt zu werden.

Chilopoden (Hundertfüßer) sind ebenfalls regelmäßig in der Laubstreu anzutreffen, kommen aber auch in Kulturböden vor. Z. B. fand KRÜGER (1952) Geophiliden (Erdläufer) in Kartoffelfeldern bevorzugt in Tiefen von 13—23 cm.

Chilopoden sind im allgemeinen recht beweglich und nicht so stark von der Feuchtigkeit abhängig wie Diplopoden; sie zeigen dementsprechend auch meist eine weitere Verbreitung. Alle Chilopoden sind Räuber und spielen für die Umsetzung des organischen Bestandsabfalls keine Rolle.

Springschwänze — Collembola. Unter den (primär flügellosen) Apterygoten gehören Collembolen zu den häufigsten Bodenbewohnern. Individuenzahlen von 1000 Exemplaren im Liter Erde sind keine Seltenheit. Man kann Collembolen praktisch in allen Böden nachweisen.

Zwei morphologisch gut getrennte Gruppen gibt es bei den Springschwänzen, die Laufspringer (Arthropleona) und die Kugelspringer (Symphypleona). Alle Symphypleonen besitzen eine rundliche Form und durch ihre wohl ausgebildete Furka (= Sprunggabel) ein gutes Sprungvermögen. Ihr Aufenthaltsort ist überwiegend epigäisch, d. h. sie sind Makrophytenbewohner oder Oberflächentiere; dabei dringen einige auch in die

Förna ein. Nur ganz vereinzelt gehen sie tiefer in den Boden hinein, aber einige *Arrhopalites* leben edaphisch.

Die Arthropleonen sind walzenförmig, langgestreckt. Zu ihnen gehört die Hauptmasse der bodenbewohnenden Formen. Als Anpassung an die von der Bodenoberfläche nach unten veränderten Milieubedingungen hat sich eine Vertikalschichtung ergeben, die gerade bei Collembolen zu gut abgegrenzten Lebensformen geführt hat (Gisin, 1943; Bockemühl, 1956); ähnliche Lebensformtypen sind später auch bei Oribatiden (Strenzke, 1952), Gamasiden (Karg, 1960) und terrestrischen Chironomiden (Strenzke, 1950) beschrieben worden. Bei den Collembolen sind die Oberflächenformen groß, stark und lang behaart oder beschuppt, gut pigmentiert und mit 8 + 8 Ommatidien versehen. Die Tiere sind durch ihre kräftigen, relativ langen Beine und die gut ausgebildete Furka sehr agil. Hierher gehören u. a. *Lepidocyrtus*, *Entomobrya*, *Orchesella*, *Tomocerus*, *Sminthurus*. Die hemiedaphischen Formen sind typische Streubewohner mit einem plumpen Körper, kurzen, aber kräftigen Beinen und meist noch gut ausgebildetem Sprungvermögen; Pigmentierung und Augenzahl sind ± gut ausgebildet, Behaarung weniger stark und lang, Schuppen fehlen meist. Hierher zählen u. a. die Gattungen *Hygogastrura*, *Pseudachorutes*, *Tetracanthella* und viele *Isotoma*-Arten.

Darunter folgt die Schicht der euedaphischen Arten mit fehlender Pigmentierung, ohne Augen, mit reduzierter oder fehlender Sprunggabel, rückgebildetem Haarkleid und kurzen Beinen. Typische Vertreter dieser Gruppe sind die Gattungen *Onychiurus* und *Tullbergia*.

Die Schichtung ist oftmals nicht so deutlich, weil Vertreter der Tiefenfauna auch in die oberflächennahen Schichten eindringen können. Umgekehrt kommen aber die Vertreter der ersten Lebensformgruppe niemals in tiefen Erdschichten vor; Haupthindernis bilden wohl die nach der Tiefe zu immer enger werdenden Spalträume des Bodens.

Zum „hygrophilen Hemiedaphon" gehören unter den Collembolen beispielsweise *Isotomurus* und *Sminthurides*; letztere mit deutlicher Anpassung an den Aufenthalt auf der Wasseroberfläche. *Sminthurides*-Arten besitzen am Ende der Sprunggabel ein verbreitertes, fächerartiges Endstück (Mucro), das auf der Wasseroberfläche ein sicheres Abspringen ermöglicht (Abb. 34).

Vorkommen und Verteilung der Collembolen sind in der Hauptsache durch den Faktor Feuchtigkeit bestimmt. Im allgemeinen gelten sie als stark feuchtigkeitsbedürftig, aber schon die genannten Lebensformgruppen zeigen eine unterschiedliche Resistenz gegen Austrocknung. Euedaphische Formen wie *Onychiurus armatus* und *Tullbergia krausbaueri* besitzen keinen Verdunstungsschutz und trocknen an Zimmerluft schon nach kurzer Zeit ein (siehe S. 54). Die positive Hygrotaxis überwindet in Laborzuchten die negative Phototaxis. Andererseits wird aber stauende Nässe von den Collembolen gemieden.

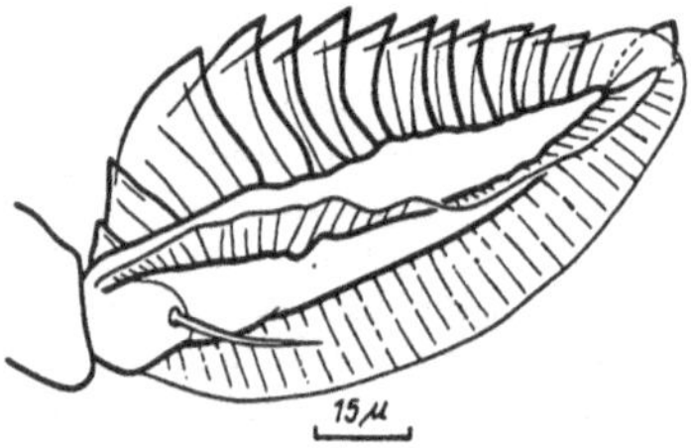

Abb. 34: Mucro von *Sminthurides aquaticus*, stark vergrößert

Trotz dieser allgemeinen Abhängigkeit der Collembolen von der Feuchtigkeit gibt es unter den Oberflächenformen Arten, die anscheinend mit Vorliebe trockene Orte aufsuchen. Z. B. findet man *Entomobrya multifasciata* auch an trockenen Sandhängen mit ausgesprochen xerophiler Flora und Fauna. Auch das „Zimmertier“ *Seira domestica* scheint Trockenheit gut ertragen zu können. In Präferenda-Versuchen findet Agrell (1941), daß dieselben Arten an verschieden feuchten Stellen auch verschiedene Wassergehalte bevorzugen (siehe Tab. 15). Z. B. sammelte sich *Friesea mirabilis* an trockenen Stellen bei 40–50% Wassergehalt, an feuchten bei 70–90%. Obgleich nach modernen taxionomischen Arbeiten nicht ausgeschlossen werden kann, daß es sich um verschiedene, damals noch nicht unterscheidbare Arten gehandelt hat, ist es doch auffallend, daß in Untersuchungen anderer Autoren Tiere einer Art von verschiedenen Standorten

Tabelle 15: Feuchtigkeitsoptimum verschiedener Collembolenarten, in prozentualem Wassergehalt (WG) der untersuchten Bodenbedeckung ausgedrückt (gekürzt aus AGRELL, 1941)

	Nach Felduntersuchungen	Nach Präferenda-Vers.	
		von trockenen Standorten	von feuchten Standorten
	WG %	WG %	WG %
Friesea mirabilis	40-50/70-90	49	73
Onychiurus armatus	40-90	54	64
Folsomia diplophthalma	40-50	52	73
Folsomia quadrioculata	30-70	50	62
Folsomia brevicauda	70-80	68	80
Isotomiella minor	50-60	39	60
Isotoma notabilis	70-80	62	70
Isotoma olivacea violacea	50-70	40	67
Isotoma viridis	40-60/80-90	30	64
Lepidocyrtus languinosus	40-50	37	54

sich auch verschieden verhielten. Das gilt sowohl gegenüber Feuchtigkeit bzw. Austrocknung als auch gegenüber der Einwirkung von Wärme oder Kälte. Solche regionalen Bindungen an bestimmte Lebensstätten bezeichnet man als „regionale Stenotopie“. Ob die Feuchtigkeit sich auch auf die Art der Pigmentierung auswirkt, wie es einige Autoren z. B. für *Isotoma viridis* annehmen, kann noch nicht eindeutig entschieden werden.

Die Entwicklung der Eier kann auch im Wasser ungehindert weiterlaufen. Sie ist temperaturabhängig und dauert im Durchschnitt etwa 14 Tage. Im Freien rechnet man während der Vegetationsperiode bei vielen hemiedaphischen Arten mit einer Generationsfolge von etwa (4—6) Wochen. Das dürfte etwa die untere Grenze der natürlichen Entwicklungszeit darstellen, von der aus es anscheinend alle Übergänge bis zu bivoltinen oder gar univoltinen (eine Generation im Jahr) Arten gibt. Neben der Temperatur ist die Generationsfolge also auch von endogenen Faktoren abhängig. Auch die Überwinterung der Arten ist verschieden. Überwinterung im Eistadium, als Jungtier oder Adultus kommt vor. Dabei können aber unter den Sminthuriden nur wenige Arten als Adulti überwintern. Bei Collembolen der tieferen Bodenschichten kann wegen der günstigen Temperaturverhältnisse die Vermehrung praktisch während des ganzen Jahres erfolgen, und *Tullbergia krausbaueri* scheint sich entsprechend zu verhalten (Palissa, 1959).

Gegenüber Temperaturschwankungen und gegen niedrige Temperaturen zeigen sich Collembolen im allgemeinen wenig empfindlich. Die meisten Collembolen überwintern in denselben Bodenschichten, in denen sie sich auch während der Vegetationszeit aufhalten. Dabei können sie milden Frost ohne weiteres in Kältestarre überdauern, bei einem weiteren Absinken der Temperaturen sich auch im Boden einfrieren lassen. Beim langsamen Auftauen werden sie wieder lebendig. Diese Eigenschaft erlaubt ihnen, noch bei Temperaturen wenig oberhalb des Gefrierpunktes ihre volle Aktivität zu entfalten. Auch unter einer Schneedecke geht in der Regel das Bodenleben weiter. Angaben über die Kälteresistenz sind in Tab. 16 mitgeteilt.

Tabelle 16: Temperaturresistenz einiger Colembolenarten (nach Agrell, 1941)

	Untere Temperaturgrenze	Obere Temperaturgrenze	Temperaturpraeferendum
Deuterosminthurus repanda	+4° – ±0°	+37 – 38°	10–22°
Isotoma notabilis	+4 – ±0	+36 – 38	10–23
Folsomia quadrioculata	+1 – –1	+34 – 35	8–20
Onychiurus armatus	+1 – –1	+34 – 35	5–10
Anurophorus laricis	+2 – –2	+36 – 38	
Lepidocyrtus lanuginosus	±0 – –2	+38 – 40	10–15
Entomobrya nivalis	–4 – –7		5–10 (-25)
Entomobrya marginata	–2 – –4		10–20
Folsomia microchaeta	–4 – –10	+34 – 35	

Die Kälteresistenz hängt stark von der Abkühlungsgeschwindigkeit ab, sie steigt mit dem Alter beträchtlich an, und auch im Herbst nimmt sie zu. Die Hauptmasse der Bodenbewohner erträgt Temperaturen bis etwa -2^0 C. Während der Eintritt der Kältestarre neben den oben genannten Faktoren auch eine gewisse Artenabhängigkeit zeigt, liegt der Eintritt der Wärmestarre ziemlich einheitlich zwischen 34–40 °C.

Trotz der relativen Unempfindlichkeit gegen tiefe Temperaturen treten bei einigen Arten vertikale Ausweichbewegungen parallel zu Temperaturverschiebungen auf. Da die Wirkung der Temperatur von der einer zunehmenden Austrocknung nicht immer zu unterscheiden ist, mag die Hauptwirkung vielleicht von der Trockenheit ausgehen. Vertikalverschiebungen im Laufe der Jahreszeit sind von verschiedenen Autoren bei Collembolen beschrieben worden (siehe Tab. 9). Sie kommen bei einigen Arten aber auch im Tagesrhythmus vor (Leuthold, 1961). Möglicherweise gibt es bei den Vertikalwanderungen standortbedingte Unterschiede, denn während Palissa (1959) für *Isotoma viridis* ein winterliches Abwandern feststellt, verneinen es Agrell (1941) und Strenzke (1949).

Als Nahrung der Collembolen kommen recht verschiedenartige Stoffe in Betracht: Lebende und tote Makrophytenteile, Pilzmycelien und Pilzsporen, pflanzliche Substanzen verschiedenen Zersetzungsgrades, Aas, Kleintierexkremente usw. Neben euryphage Arten treten solche mit besonderen Nahrungsansprüchen. Dabei besteht noch keine endgültige Klarheit darüber, ob nicht doch ein weit größerer Teil der Collembolen als bisher angenommen Bakterien frißt oder deren Zersetzungsprodukte, d. h. ob die ökologische Spezialisierung vieler Formen nicht über solche Verknüpfungen zu erklären ist. Einen Hinweis auf das Bestehen von Beziehungen zwischen Blattkompostcollembolen und bestimmten pflanzlichen Mikroorganismen glaubt Gisin, G. (1952) aus ihren Untersuchungen und Besiedlungsversuchen an verschiedenen Komposten ableiten zu können. Weitere Forschungen in dieser Richtung wären nötig und könnten die Frage der ökologischen Spezialisierung der Collembolen experimentell klären helfen. Anscheinend spielt auch der Geschmacksinn eine Rolle.

Im Zusammenhang mit der Nahrungsaufnahme steht die Ausbildung der Mundteile, ohne daß aber spezielle Untersuchungen über diese Beziehungen bisher erfolgt wären.

In der Literatur wird vielfach angeführt, daß Collembolen, im Gegensatz beispielsweise zu den Hornmilben, durch Pilzmycelien nicht gestört werden. Das gilt nur bedingt, denn in Zuchten mit verpilzten Nahrungsresten kann oft beobachtet werden, daß besonders kleine Arten, wie etwa *Tullbergia krausbaueri*, in den Pilzfäden hängen bleiben und sich daraus nicht mehr befreien können.

An stark gärenden Orten, z. B. im Kompost, fehlen in der Regel Collembolen während der stürmischen Zersetzungsphase. Sie besiedeln an solchen Orten nur die Oberflächenschicht und gehen erst nach Abklingen der stürmischen Gärung auch in tiefere Schichten.

Da Tiefenformen, wie *Onychiurus armatus*, gegen CO_2 sehr resistent sind und die Collembolen ganz allgemein anscheinend den Sauerstoff auch noch in einer sehr geringen Konzentration auszunutzen vermögen (Ruppel, 1953), ist es unwahrscheinlich, daß sie auch anaerob leben können. Genauere Untersuchungen über diese Frage stehen aber noch aus. Im Boden ist im allgemeinen eine anaerobe Atmung auch nicht notwendig, und für Bewohner von Stellen mit starker Fäulnis oder starker Sauerstoffzehrung (z. B. *Folsomia fimetaria*) reicht vielleicht der vorhandene Sauerstoff aus.

Milieufaktoren und Ansprüche der Collembolen bedingen ihre quantitative Schichtung. Die Hauptmenge findet man in natürlichen Böden in den obersten 10 cm. Nach unten zu nimmt die Besatzdichte rasch ab. In Ackerböden liegt aber wegen der laufenden Feldarbeiten das Maximum unterhalb der Schälfurchentiefe (v. Baudissin, 1952), bzw. im Herbst und Winter nach Morris (1922) zwischen 13—18 cm. Die Grenze der Besiedlung mit Collembolen liegt im allgemeinen um 30 cm Bodentiefe. Darunter findet man nur noch vereinzelt Collembolen. Die Tiefenverteilung hängt stark ab vom Bodenprofil; weiter spielen Nahrungsangebot, Durchlüftung und Hohlraumvolumen noch eine große Rolle. Daß auch in Kulturböden (z. B. Weinfeldern) noch in rel. großer Tiefe Collembolen leben können, hat Hüther (1961) festgestellt. Er fand in 50 cm Tiefe noch mehrere *Tullbergia krausbaueri*. Dieses Tier ist ein typischer Vertreter der Tiefenfauna und in den unteren Bodenschichten bisweilen die einzige vorkommende Collembolenart. Die Individuenzahl der Collembolen nimmt in folgender Reihenfolge ab: Laubwald — Nadelwald — Wiese — Acker.

Um die Rolle der Collembolen beim Abbau der organischen Substanzen richtig einschätzen zu können, sind ernährungsbiologische Untersuchungen notwendig. Nach Schaller (1950) muß Laub erst durch Einwirkung von Feuchtigkeit, Bakterien und Pilzen einen bestimmten Zersetzungsgrad erreicht haben, ehe es von Collembolen verwertet werden kann; trockenes Laub können sie nicht angreifen. Daß auch ein Fraß an grünen Pflanzen oder Laub vorkommt, ist für die makrophytischen Collembolen nachgewiesen, z. B. für *Sminthurus viridis*, den „Luzernefloh". Prinzipiell dürfte ein Fraß an grünen Pflanzenteilen auch den meisten Bodenformen möglich sein, aber in der Natur kaum in Betracht kommen. Frisches Fallaub wird schwächer befressen als überwintertes. Im wesentlichen beginnt die Zersetzung des Falllaubes durch Collembolen erst im folgenden Frühjahr. Nach Dunger (1956) gilt folgende Reihe abnehmender Fraßleistung: Schwarzer Holunder, Schwarzerle, Feldulme, Esche, Hainbuche, Bergahorn, Stieleiche, Rotbuche. Die ersten 4 sind leicht zersetzlich, die beiden letzten schwer.

Bei *Acer pseudo-platanus* zeigte sich für *Folsomia fimetaria* eine nahezu gleiche Angreifbarkeit der grün geernteten Blätter und des überwinterten Fallaubes. An grünen Schwarzerlenblättern fraßen *Folsomia fimetaria* und *Onychiurus armatus* stark, dagegen *Tomocerus flavescens*, *Orchesella cincta* und *O. flavescens* nur mäßig.

Die Ermittlung der gefressenen Blattmenge bereitet dadurch Schwierigkeiten, daß die Fraßleistung der Versuchstiere an im Thermostat bei 70 °C getrockneten Blättern stark absinkt. DUNGER (1956) benutzte Fraßgruppeneinheiten, deren objektive Auswertung durch laufende photographische Blattaufnahmen möglich ist. Für ein Durchschnittstier (*Folsomia fimetaria*, adult, 3—7 Monate alt, 1,3—1,4 mm lang, bei 17—20 °C) ermittelte er einen Wert pro Individuum von 0,049 mm³ Blattsubstanz täglich an *Sambucus nigra*, *Alnus glutinosa*, *Ulmus carpinifolia*, *Fraxinus excelsior*, *Carpinus betulus*, *Acer pseudoplatanus*.

SOUDEK (1928) ermittelte aus der Länge der Collembolendärme ihren Futterinhalt mit 0,012 mm³. Er nimmt an, daß die Tiere ihren Darm am Tage zweimal füllen bzw. entleeren und kommt so zu einer theoretisch errechneten Kotproduktion von 0,024 mm³ täglich. SCHALLER (1950) errechnet bei den häufigen kleinen Collembolenarten nur einen Darminhalt von 0,005 mm³ und einmal täglichen Wechsel. Die verschiedenen Angaben erklären, warum ein Durchschnittswert für den Nahrungsbedarf der Collembolen nicht gegeben werden kann, zumal die aufgenommene Menge auch von der Qualität der Nahrung abhängt. DUNGER (1956) nimmt aber an, daß der Wert nicht unter dem für *Folsomia fimetaria* von 0,049 mm³/Tag liegen würde.

Rechnet man diese Fraßmenge auf größere Einheiten um, so wird das Ergebnis noch unsicherer. SOUDEK rechnet bei 20000 Collembolen/m² mit 480 mm³ Exkrementen je Tag, das sind 175 cm³ im Jahr. SCHALLER (1950) nimmt 100000 Individuen mit 500 mm³/Tag, d. h. 183 cm³ im Jahr, an. Solche Angaben haben aber nur einen Sinn, wenn der Boden vorher qualitativ und quantitativ genau untersucht wurde.

Während der Darmpassage bleiben die zellulosereichen, verdickten Epidermisaußenwände einschließlich Kutikula und Wandverdickungen der Leitgefäße unverändert. Viele Collembolen fressen als Folgezersetzer den Kot von

Primärkonsumenten z. B. von Diplopoden und Isopoden. Wie DUNGER (1956) feststellen konnte, ist die Fraßleistung der Collembolen an Kot deutlich abhängig von der Art der aufgenommenen Nahrung der Primärzersetzer. Sie entspricht der vorgenannten Zersetzungsreihe der Blätter. Es zeigen sich aber auch arteigene Einflüsse der Erstzersetzer, vielleicht hervorgerufen durch Beimengung von Stoffwechselproduktion in den Kot oder durch Veränderung dessen Mikroorganismenzusammensetzung. So werden Kotballen von *Glomeris conspersa* und *Julus scandinavius* gern gefressen, dagegen die Losung anderer Arten nur langsam zersetzt. Die Kotballen größerer Collembolenarten können von kleineren angefressen werden. Bei Nahrungsmangel frißt *Folsomia fimetaria* in Zuchten anscheinend auch wiederholt den Erstkot ihrer Artgenossen.

Auch bei Folgezersetzung durch Collembolen bleibt zellulose- und ligninhaltiges Pflanzengewebe unverändert. Dagegen wird Mesophyll vollkommen zersetzt. Die Collembolen führen auch hier im wesentlichen nur ihre Zerkleinerungsarbeit weiter, die ligninhaltigen Zellwände werden freigelegt und dadurch erst angreifbar. Eine chemische Untersuchung über die Veränderungen der Nahrung während des Durchganges durch den Collembolendarm ist bisher nicht erfolgt.

In neuen Untersuchungen über die Zersetzungsleistungen der Collembolen in Buchen- und Fichtenwäldern aus verschiedenen Teilen Deutschlands kommt ZACHARIAE (1963) zu abweichenden Ergebnissen. Nach seinen Beobachtungen ernähren sich die Collembolen in der Natur nie ausschließlich von Streu. Die von anderen Autoren verfütterten Blattarten hält er nur für eine Notnahrung. Außerdem sehen Beschädigungen der Blätter durch Quellung und Austrocknung genau so aus wie Fraßspuren von Collembolen. Deshalb lassen sich nach ZACHARIAE auch aus der Besiedlungsdichte nicht immer Rückschlüsse auf eine humusbiologische Bedeutung der Collembolen ziehen. Die Bewohner der tieferen Streu- und Bodenschichten sollen sich von Bakterienschleim auf verwesenden Pflanzenteilen ernähren; bevorzugte Nahrungsquelle sind auch der modernde Kot streufressender Arthropoden, wobei ebenfalls der durch bakterielle

Zersetzung auftretende Schleimfilm aufgenommen wird; Blattsubstanz wird nur unter Versuchsbedingungen in bedeutenderem Umfang verzehrt. ZACHARIAE (1963) ist deshalb der Ansicht, daß Collembolen auch bei hoher Besatzdichte kaum eine Bedeutung für die Streuzersetzung haben. Im günstigsten Fall rechnet er (unter Beteiligung anderer Mikroorganismen) mit einem Zerkleinerungsanteil von 5–6% der Blattmasse.

Fassen wir die bodenbiologische Bedeutung der Collembolen zusammen, so gilt, daß sie nicht oder nur unwesentlich am Aufbau von Huminsäuren beteiligt sind, daß sie, obgleich ihre Zersetzungsleistung neuerdings angezweifelt wird, ein wichtiges Glied in der Kette der akkumulativen Organismen darstellen — mindestens durch die Konzentration von Stickstoff in ihrem Körper und als Beutetiere vieler räuberischer Bodentiere.

Der Beobachtung SCHALLERS (1950) u. a., daß sich Collembolen regelrecht durch den Boden „hindurchfressen" können und damit zur Auflockerung des Bodens beitragen, ist höchstens theoretische Bedeutung beizumessen.

Als Feinde der Collembolen kommen an der Bodenoberfläche besonders verschiedene Spinnen, Käfer (Carabiden, Staphyliniden) und Hundertfüßer in Frage. Die eigentlichen Bodencollembolen werden von Käferlarven und räuberischen Milben (Gamasiden, Bdelliden, Trombidiiden) verfolgt. Gamasiden scheinen im Boden ihre Hauptfeinde zu sein. Die typische Tiefenform der Collembolen *Tullbergia krausbaueri* findet ihre „spezifischen" Feinde unter den Tiefenformen der Gamasiden, *Rhodacarellus silesiacus* und *Rhodacarus roseus* (KARG, 1961). Beides sind kleine Arten mit entsprechender Reduktion der Beine, der Behaarung, der Chitinisierung. Ebenso hat *Folsomia fimetaria* ihren spezifischen Feind in dem schnell laufenden *Hypoaspis aculeifer* (Gamasides). Manche Collembolen (Onychiuriden) besitzen in ihrem Ocellensaft ein Abwehrmittel mit starker Feindwirkung (MEYER, 1957; KARG, 1961). Durch seine Klebkraft werden die Mundteile der Feinde verklebt, außerdem entfaltet er eine betäubende und lähmende Wirkung. Im allgemeinen erfolgt der Angriff aber so schnell, daß der Ocellensaft nicht wirksam wird.

Zweiflügler — Diptera. Viele Dipterenlarven leben im Boden und haben — abgesehen von den Schädlingen — eine nicht zu unterschätzende Bedeutung bei der Zersetzung des organischen Bestandsabfalls. Im Boden findet man sie oft noch bis unter 25 cm Tiefe. Im allgemeinen sind die Dipterenlarven auf eine entsprechende Feuchtigkeit des Substrates angewiesen. Unter den Cyclorrhapha (Deckelschlüpfer) spielen die Larven der Calliphorinen (Schmeißfliegen) und Sarcophaginen (Fleischfliegen) eine Rolle bei der Verarbeitung von Aas. Ihre Larven vermögen durch Abscheidung eines Sekretes die bakterielle Zersetzung einzudämmen. Dagegen gibt es unter den Orthorrhapha (Spaltschlüpfer) zahlreiche Arten, die wichtige Erstzersetzer sind. Das gilt weniger für die Larven der kurzfühlerigen Brachycera (Fliegen), die vorwiegend räuberisch leben, wohl aber für viele Larven der langfühlerigen Nematoceren (Mücken und Schnaken), von denen viele im Boden oder in der Laubstreu anzutreffen sind.

Die Lebensweise der einzelnen Larven-Gruppen ist sehr verschiedenartig. Zum Beispiel findet man Tipulidenlarven (Schnaken) in faulendem Holz, in verpilztem Laubstreu, in feuchten, faulenden Pflanzenstoffen, in der Bodenstreu nasser Wiesen und Wälder. Bisweilen treten sie massenhaft auf. Durch die Arbeiten THIENEMANNS und seiner Schüler ist auch auf die Bedeutung der terrestrischen Chironomiden (Zuckmücken) hingewiesen worden. Sie kommen häufig in der Laubstreu von Buchenwäldern vor und können einen beträchtlichen Anteil an der Aufarbeitung organischer Reste besitzen. Fraßbeobachtungen und Literaturangaben über Zersetzungsleistungen werden von verschiedenen Autoren gemacht. Z. B. findet SCHALLER (1950) in sehr feuchten und moorigen Böden 10—20 Tipulidenlarven je 1000 cm^3, die erhebliche Mengen des Bestandsabfalls fressen und dabei anorganische und organische Bodenanteile intensiv durchmischen. Ihre Exkrementablagerungen dienten Collembolen, Nematoden und Enchytraeiden als Nahrung. Die Ernährungsweise der Dipteren ist nicht ganz einfach zu übersehen, da auch bei einer Art die verschiedenen Larvenstadien sich häufig unterschiedlich verhalten. Viele sind mycetophage und saprophage Erstzersetzer.

Die bodenbiologisch wichtigsten Larven gehören im wesentlichen folgenden Dipterenfamilien an:

1. Rhagionidae (Schnepfenfliegen): Meist Räuber, die anderen Insekten und deren Larven, aber auch Regenwürmern nachstellen. Daneben kommen auch Arten mit saprophager Ernährung vor, die an der Zersetzung des normalen Bestandsabfalls beteiligt sind.
2. Bibionidae (Haarmücken): In Waldbiozönosen oft massenhaft in der Nähe von Stöcken. Neben phyto-saprophagen auch phytophage Arten. So wird die Gartenhaarmücke (*Bibio hortulanus*) in landwirtschaftlichen Nutzungsflächen häufig schädlich. Die schwarzen, stark bedornten Larven der Flormücke (*Penthctria holosericea*) entwickeln sich in Rindermist oder in feuchtem Laub; insbesondere verarbeiten sie Erlenlaub unter Mithilfe ihrer symbiontischen Darmbakterien. Durch das kolonieweise Auftreten der Bibionidenlarven erfolgt eine schnelle Umsetzung des Fallaubes.
3. Scatopsiden (Dungmücken): Darunter viele saprophage und koprophage Arten in faulenden Pflanzensubstanzen und Exkrementen, gelegentlich auch gesellig.
4. Lycoriidae (= Sciaridae, Trauermücken): Ernährung der Larven vor allem phytosaprophag und mycetophag, auch koprophag. Sie sind maßgeblich an der Laubzersetzung beteiligt und verarbeiten den Kot anderer Bodentiere weiter.
5. Fungivoridae (Pilzmücken): Mycetophag (Pilzfresser) und phytosaprophag, bisweilen ziemlich zahlreich und regelmäßig in Wiesenböden (Butschek, 1951).
6. Tipulidae (Schnaken): Larven sapro- bis phytophag, werden in Kulturflächen ausgesprochen schädlich. Unter günstigen Umweltbedingungen neigen sie zur Massenvermehrung (bis 400 Larven/m^2 wurden gefunden). Die Umsetzungsleistung von Blattstreu ist bedeutend, der Kot wird von verschiedenen Bodentieren weiter verarbeitet. Gekalkte Flächen weisen

nach THEMLITZ (1952) eine reichere Fauna auf als Vergleichsflächen.

7. Muscidae (echte Fliegen): Die terrestrischen Larven vorwiegend schizophytophag und schizozoophag. Einige sind Charakterformen der F-Schicht der Laubwälder.

GHILAROV (1963) hält (in den Böden der sowjetischen Tundra) die Schnakenlarven für die aktivsten saprophagen Wirbellosen. Ihre Populationsdichte lag bei 35 Larven/m^2. Dabei ist besonders wichtig, daß die Mikroorganismenzahl im Kot der Larven sehr stark ansteigt. KURCHEVA (1960) erkennt, daß Eichenfallaub in Abwesenheit von Bodentieren von den Pilzen und Bakterien nur unvollkommen und in geringer Menge ($^1/_{10}$ des anfallenden Eichenlaubgewichtes) auf Schwarzerde abgebaut wird. Dagegen werden bei gleichzeitiger Anwesenheit von Bodentieren und Mikroflora 50% der Streu abgebaut. Es war für diese Unterschiede nicht allein das Fehlen der Fauna verantwortlich, sondern bei ihrem Fehlen nahm auch die Abundanz der Mikroflora ab, besonders bei den Bakterien.

PRIESNER (1961) zählt in nassen Böden die Larven von *Tipula maxima* zu den intensivsten Primärzersetzern. Durch Fütterungswahlversuche kommt er zu ähnlichen Präferenzreihen wie sie DUNGER (1958) für Diplopoden und Isopoden aufgestellt hat (Tab. 17). *Tipula maxima* würde damit etwa 2–3mal soviel fressen wie Diplopoden, 6–10mal soviel wie Isopoden und $\frac{1}{3}$–$\frac{1}{4}$ der Menge von *Cepaea nemoralis* (Hain-Schnirkelschnecke) und *Arianta arbustorum*. Die von PRIESNER an günstigen Stellen gefundenen 300–400 Larven/m^2 können 6000 bis 8000 Buchenblätter im Jahr verzehren. Zellulose bildet den Hauptnährstoff der Tipulidenlarven. Sie können sie durch zellulosespaltende Bakterien in ihren Enddarmblindsäcken auswerten. Mit papierchromatographischen Methoden konnte PRIESNER (1961) nachweisen, daß sie aus den Blättern von *Fagus silvatica*, *Quercus robur* und *Carpinus betulus* Eiweiß aufnehmen.

Tabelle 17: Tägliche Fraßmenge und jährlicher Stoffumsatz von *Tipula maxima* an verschiedenen Blattarten (aus PRIESNER 1961)

Blattart	tägliche Fraßmenge in cm^2		jährlicher Stoffumsatz	
	durchschn. tägliche Fraßmenge	höchste beobachtete tägliche Fraßmenge	Fraßmenge in 8 Monaten in cm^2	Anzahl der gefressenen Blätter
Juglans regia (Echter Walnußbaum)	2,1	3,2		
Alnus glutinosa (Schwarzerle)	2,1	3,5		
Fraxinus excelsior (Esche)	2,0	2,3		
Carpinus betulus (Hainbuche)	1,8	2,5	432	36
Aesculus hippocastanum (Echte Roßkastanie)	1,7	2,2		
Ulmus campestris (Feldulme)	1,4	2,3		
Sorbus aria (Mehlbeerbaum)	1,4	2,4		
Quercus robur (Stieleiche)	1,3	1,7	312	20
Betula pendula (Hängebirke)	1,3	2,1		
Acer campestre (Feldahorn)	1,2	2,3		
Salix incana (Lavendelweide)	1,2	1,6		
Fagus silvatica (Buche)	1,2	2,1	288	20
Populus tremula (Zitterpappel)	1,1	2,0		
Tilia cordata (Winterlinde)	1,1	1,8		
Platanus acerifolia (Ahornblättr. Platane)	1,0	1,7		

Wenn auch die bisher vorliegenden Untersuchungen noch nicht ausreichen, um uns ein vollständiges Bild der Zersetzungsleistungen der Dipterenlarven zu geben, so kann doch gesagt werden, daß sie an geeigneten Standorten zu den bedeutendsten Erst- und Folgezersetzern gerechnet werden müssen.

Schnecken — Gastropoda

Unter den Weichtieren spielen bodenbiologisch nur die stylommatophoren Pulmonaten (Landlungenschnecken) eine größere Rolle. Viele von ihnen leben in den obersten Bodenschichten oder der Laubstreu von Wäldern, manche auch in Bodenspalten. Eine Art – die Blind

Abb. 35: *Caecilioides acicula*, kriechend; Gesamtlänge ca. 6 mm (verändert nach WÄCHTLER, 1929)

schnecke *Caecilioides acicula* – ist sogar zum echten Bodentier geworden (Abb. 35). Sie ist augen- und pigmentlos und lebt gewöhnlich in tieferen Bodenschichten bis 40 cm. Nur gelegentlich kommt sie in die stark durchwurzelten obersten Bodenschichten oder an die Oberfläche selbst. WÄCHTLER (1929) findet sie am häufigsten im Mai/Juli, zur Zeit ihrer Fortpflanzung. Während der übrigen Jahreszeiten ist sie nur ganz vereinzelt anzutreffen. *Caecilioides* ist auf Bodenspalten angewiesen, kann also nicht selbst graben. Deshalb fehlt sie z. B. in schweren, dichten Lehmböden. Am reichlichsten findet man sie in kalk- und hohlraumreichen Böden. Ihre Nahrung besteht hauptsächlich aus Pilzmycelien, sie frißt in Gefangenschaft aber auch grüne Pflanzenteile.

Von den übrigen Pulmonaten lebt ein Teil räuberisch (*Vitrina*, *Daudebardia*, *Hyalinia* u. a.) von Oligochaeten und anderen Schnecken. Ein großer Teil der Laubstreubewohner ernährt sich von faulenden Blättern, Algen und Pilzen. Viele Algenzellen bleiben während der Darmpassage erhalten und wachsen weiter.

Die meisten auf der Oberfläche lebenden Schnecken ziehen sich im Spätherbst in die Bodenstreu oder die obersten Bodenschichten zurück und überwintern dort. Die Weinbergschnecke *Helix pomatia* geht ziemlich tief in den Boden und verschließt ihr Gehäuse mit einem Kalkdeckel; auch ihre Eier legt sie in den Boden in selbst gegrabenen Höhlen ab. Während der sommerlichen Trokkenperioden verfallen viele Schnecken der Laubstreu in einen Trockenschlaf, wobei die Schalenmündung durch getrocknete Schleimmembranen, pergamentartige oder kalkige Deckel verschlossen werden.

Für die Verteilung und das Vorkommen der Landlungenschnecken scheinen Feuchtigkeit, Nahrung und Hohlraumvolumen wichtige Faktoren zu sein. Auf den starken Feuchtigkeitsschwankungen ausgesetzten Ackerböden fehlen sie nahezu vollständig. Auch auf englumigen und hohlraumarmen Böden treten Schnecken stark zurück bzw. werden dort durch kleine Arten vertreten.

Die Fraßleistungen der Pulmonaten werden vielfach unterschätzt. Kleinere Arten wie *Vitrea* und *Euconulus* skelettieren die durchfeuchteten Blätter des Fallaubes. *Punctum pygmaeum* verarbeitet mit Vorliebe faulende Holzreste, die von einem Moosüberzug dauernd feucht gehalten werden.

Als wichtigste Vertreter der Schnecken, die Pflanzenreste verarbeiten, werden genannt: *Zonites*, *Zonitoides*, *Vitrea*, *Euconulus*, *Goniodiscus*, *Arianta*, *Acanthinula*, *Vallonia*, *Clausilia*, *Ena*, *Abida*, *Orcula*, *Pupilla*, *Vertigo*, *Cochlicopa*, *Monacha*, *Perforatella*.

Genauere Untersuchungen über die Fraßleistungen der Schnecken sind wenig zahlreich. Verschiedene Autoren (z. B. LINDQUIST, 1914) berücksichtigen nicht die ausgeprägte Hygroskopizität des Laubes und erhalten zu niedrige Werte. Von FRÖMMING (1956) wird die Fraßleistung der Pulmonaten ziemlich hoch eingeschätzt (Tab. 18). Es zeigt sich bei seinen Fraßmessungen, daß frisches, mäßig feuchtes Fallaub nicht gern gefressen wird, außer von *Helix pomatia* (Weinbergschnecke) als Grün-

Tabelle 18: Fraßleistungen von Schnecken nach 24stündigem Fraß, berechnet nach gefressener Blattmenge, aufgenommenem Gewicht und Laubkonsum in % des Körpergewichtes der betreffenden Gastropodenart (KG = Körpergewicht) (aus FRÖMMING, 1956)

Stylommatophora (Landlungenschn.)	*Corylus avellana*			*Malus domestica*			*Ulmus glabra*		
	cm^2	mg	% KG	cm^2	mg	% KG	cm^2	mg	% KG
Deroceras reticulatum	9,2	140	7,3	8,5	340	16,4	8,4	170	8,5
Milax budapestensis	1,8	30	3,3	1,2	50	9,4	2,2	45	4,6
Arion circumscriptus	4,5	70	12,4	2,7	100	17,5	4,2	85	17,7
Arion rufus	3,7	60	0,6	10,8	420	8,8	8,4	165	4,2
Arion hortensis	2,4	32	12,3	2,2	85	14,2	1,3	20	6,6
Limax maximus	4,5	60	2,7	2,7	110	5,6	4,3	90	2,8
Lehmannia poiriari	1,7	25	1,4	1,4	55	2,7	1,6	30	1,3
Cepaea nemoralis (Hain-Schnirkelschnecke)	9,8	140	5,5	9,6	390	11,5	10,6	210	7,7
Cepaea hortensis (Garten-Schnirkenschnecke)	7,8	125	8,4	7,2	280	14,4	8,3	175	10,5
Bradybaena (=*Eulota*) *fructicum*	5,5	85	2,2	7,3	275	5,7	6,9	140	3,6
Arianta arbustorum	4,2	65	2,1	6,7	270	6,2	6,5	130	4,4
Helicigona lapicida	1,8	30	10,6	1,5	50	15.8	2,1	40	13,5

blattfresser. Dagegen wird weitgehend verrottetes Laub z. B. von *Corylus avellana* (Haselnuß), *Malus domestica* (Apfelbaum), *Sambucus nigra* (Schwarzer Holunder), *Ulmus glabra* (Bergulme) gern angenommen.

Ein artcharakteristisches Fraßbild tritt nicht auf. Es hängt anscheinend nur von der Größe der Schnecken bzw. der Entwicklung ihrer Radula (Reibplatte) ab. Cepaeen ließen nur die stärkeren Rippen stehen, während z. B. die kleinere *Helicodonta obvoluta* auch die Blattnerven nicht mehr angreifen kann.

Wieweit der Nährstoffgehalt des Laubes zur Deckung ihrer Nahrungsansprüche ausreicht, bzw. wieweit die chemische Umsetzung des Fallaubes während der Darmpassage geht, ist noch kaum untersucht. Auch über eventuelle Wechselbeziehungen zwischen den Anforderungen an den Zersetzungsgrad des Laubes und die daran beteiligten Mikroorganismen gibt es noch wenig reale Vorstellungen. Nach KÜHNELT (1950) passieren viele Mikroorganismen lebend oder enzystiert den Schneckendarm und werden durch Mollusken passiv verbreitet. Einige Flagellaten und Ciliaten scheinen durch Schneckenlosung besonders begünstigt zu werden, wie überhaupt anscheinend die „Wasserfauna des Fallaubs" durch den Kot von Nacktschnecken gefördert wird.

Zusammenwirken der Bodenfauna bei der Laubstreuzersetzung

Bei der Zersetzung des organischen Bestandsabfalls in der Natur wirken die einzelnen Tiergruppen nicht nebeneinander, sondern zusammen. Wir haben nicht nur mit aufeinanderfolgenden Arten-Gesellschaften einer Tiergruppe zu rechnen, sondern weit mehr noch mit einer Verzahnung und Aufeinanderfolge ganz verschiedenartiger Organismengruppen. Ganz allgemein kann man diese Abläufe durch die Folge von Produzenten — Konsumenten — Reduzenten umschreiben; im konkreten Fall besteht erst eine grobe Kenntnis von diesen, vor allem durch Nahrungsbeziehungen miteinander verknüpften Abfolgen. Nur für räumlich eng umgrenzte Stellen liegen genügend Untersuchungen vor, die uns ein genaues Bild z. B. vom Ablauf der Zersetzung eines Kuhfladens, von der Zersetzung und Humifizierung von Holzteilen (Stubben) u. a. vermitteln.

Trotzdem soll versucht werden, den Ablauf der Laubstreuzersetzung wenigstens in seinen allgemeinen Zügen anzudeuten, wobei hier vor allem die Darstellung KÜHNELTS (1950) zugrunde liegt. Von den möglichen Abläufen sei hier die Mullbildung näher beschrieben. Die Angreifbarkeit des Rohmaterials hängt von zahlreichen Faktoren ab, wichtig sind besonders die chemischen Unterschiede des Materials, seine verschiedene Angreifbarkeit, die Feuchtigkeits- und Temperaturverhältnisse, damit auch der Boden selbst und schließlich die anwesende Tiergesellschaft. Alle Faktoren sind irgendwie miteinander gekoppelt. Da die Zersetzung relativ lange dauert, spielen gerade die Standortfaktoren eine große Rolle.

Bezüglich der aufgenommenen Nahrung zeigt sich für alle Laubstreuzersetzer eine gleichsinnige Tendenz zur Bevorzugung oder Ablehnung bestimmter Blattarten. Es ergibt sich etwa folgende Präferenzreihe abnehmender Beliebtheit:

Frisches Fallaub: Esche, Schwarzerle, Winterlinde, Feldulme, Bergahorn, Spitzahorn, Hainbuche, Stieleiche, Rotbuche.

Überwintertes Fallaub: Winterlinde, Esche, Hainbuche, Schwarzerle, Feldulme, Bergahorn, Spitzahorn, Rotbuche, Stieleiche.

Härte, Feuchtigkeit, C:N-Verhältnis und Geschmack scheinen vor allem für die Einstufung verantwortlich zu sein.

Die im Herbst frisch gefallene Laubmenge ist gewöhnlich anfangs relativ trocken und damit nur für wenige Tiere angreifbar, wie etwa für *Armadillidium* (Rollassel), *Glomeris* (Saftkugler), *Rhynchaenus fagi* (Rüsselkäfer), *Syntomis phegea* (Widderbär)-Raupen. Der dadurch vollzogene Abbau ist aber sehr gering. Erst die herbstliche Durchfeuchtung bringt eine Änderung. Das Laub wird gründlich aufgeweicht, in der Wasserhaut beginnen

Protozoen, Nematoden und Rotatorien ihr aktives Leben; zu den ersten regelmäßigen Besiedlern frischen Fallaubes gehört z. B. die Thekamoebe *Arcella discoides* (Volz, 1951). Daneben entfalten sich eine reichhaltige Bakterienflora, sowie auch Blaualgen und einzellige Grünalgen. Die schnelle und gleichmäßige Ausbreitung der Mikroorganismen geht dabei gleichzeitig auf verschiedene Weise vonstatten: Durch vom Wind angewehte Zysten, durch eine gewisse „Wasserströmung" und insbesondere auch durch Articulaten- und Schneckenkot. Teilweise scheint der Kot z. B. der Nacktschnecken *Amalia marginata* und *Arion subfuscus* sogar ausgesprochen fördernd auf die Wasserfauna des Bodens bzw. der Laubstreu zu wirken. Die Rolle der Mikrofauna in den Wasserüberzügen bei der Zerkleinerung des Bestandabfalles ist wahrscheinlich gering, die meisten Arten sind wohl Bakterienfresser. Ihre Tätigkeit wird durch Austrocknung vielfach unterbrochen, auf alle Fälle jedenfalls im Winter.

Auf das inzwischen gut durchfeuchtete und mürbe Laub erfolgt im Frühjahr der Angriff vieler Tiere. In milden Wintern können in dieser Zeit schon einige Tiere in der oberen Laubschicht tätig sein, z. B. der wichtige Laubfresser *Lumbricus rubellus*, aber auch einige Asseln. Im allgemeinen ruht mit dem Eintritt der Frostperiode die Tätigkeit der Macrofauna. Unterhalb der Frostschicht geht für eine Reihe von Tieren (z. B. Collembolen) die Aktivität auch im Winter weiter.

Sobald die Tiere dann aus ihren Winterverstecken hervorkommen bzw. in die Förna einwandern, setzt ein rascher Abbau ein. Dabei wird zwischen den Blattarten anscheinend weniger stark unterschieden als bei frischem Fallaub. Manche Milben und Springschwänze greifen das Laub in diesem Zustand direkt an. Auch die oberflächlich schnell austrocknende Laubschicht kann z. B. von *Pelops*-Arten (Hornmilben) angegriffen werden. An der Zersetzungsarbeit beteiligen sich weiter Asseln, Doppelfüßer und Schnecken; sie sind wegen ihrer hohen Fraßleistung besonders wichtig.

Die stärkere Austrocknung des Fallaubes gegen den Sommer hin stoppt die Aktivität der Tiere. Viele wandern wegen der Trockenheit tags tiefer in die Erde und kommen nur nachts in die Oberflächenschichten. An ausgesprochen feuchten Tagen unterbleiben praktisch diese Vertikalwanderungen.

An allen diesen Vorgängen sind die Regenwürmer wesentlich beteiligt, wobei das Hineinziehen von Blättern und Nadeln in ihre Gänge den Zersetzungsvorgang beträchtlich beschleunigt. Durch Kotabgabe an verschiedenen Stellen und in verschiedenen Bodenschichten wird bereits eine Durchmischung der Schichten eingeleitet. Die abgesetzte Losung hält häufig auch das Wasser zäher fest als der Boden, so daß sich daran ein reiches Mikroorganismenleben entwickeln kann.

Eine weitere Welle der Aktivität erfolgt gegen den Herbst hin mit der erneut einsetzenden Durchfeuchtung des Bodens. Neben den bereits genannten Erstzersetzern sind besonders noch die zahlreichen Dipterenlarven zu nennen, z. B. Sciariden (Trauermücken) und Bibioniden (Haarmücken). Sie treten an günstigen Stellen oft massenhaft auf, gewöhnlich kolonieweise, skelettieren die Blätter vollständig und hinterlassen einen aus feinen Stäbchen bestehenden Kot. Auch die Enchytraeiden dürfen nicht vergessen werden, sie leisten im kleinen ähnliches wie etwa der Laubstreuzersetzer *Lumbricus rubellus* oder *Dendrobaena octaedra*.

Durch diese Vorgänge wird bis zum Herbst des folgenden Jahres das Fallaub von Ulme, Schwarzerle und Esche soweit zersetzt, daß nur noch geringe Reste, insbesondere die Blattnerven übrig bleiben. Die Zersetzung des Laubes von Robinie, Traubenkirsche, Hainbuche und Edelkastanie erfolgt dagegen langsamer, die Reste verschwinden erst im zweiten Frühjahr nach dem Laubfall. Roteiche und Buche werden erst im dritten Sommer abgebaut.

Die Zersetzungsleistung der genannten Tiere ist im wesentlichen nur eine mechanische Zerkleinerung. Die

Nahrung wird während der Darmpassage nur schlecht ausgenutzt, die chemischen Veränderungen sind gering, und die Humifizierung, d. h. die Bildung von Huminsäuren, scheint bei allen Erstzersetzern nur wenig bedeutend zu sein.

Etwa gleichzeitig mit dem Beginn des Abbaus wird durch die Folgezersetzer (besonders Collembolen) der abgesetzte Kot der Primärkonsumenten wieder als Nahrung aufgenommen und weiter verarbeitet. Diese koprophagen Tiere nehmen mit der Losung auch noch organische Detrituspartikel, eingewehten Sand, Staub usw. auf, natürlich auch Mikroorganismen und tragen so zu einer innigen Durchmischung organischer und anorganischer Substanzen bei. So entstehen nach mehrmaliger Darmpassage der ursprünglichen Laubnahrung und insbesondere unter Beteiligung von Enchytraeiden und Lumbriciden schließlich die wertvollen Ton-Humus-Komplexe. Vermischung und Verkittung von organischen und anorganischen Substanzen in den feuchten Kotballen fördert gleichzeitig das Bakterienleben, wodurch auch der chemische Abbau schneller vorangehen kann. Gleichzeitig erfolgt eine Beimengung von stickstoffreichen Substanzen aus abgestorbenen Kleintieren.

Der Ablauf dieser Abbauprozesse läßt sich nur verstehen, wenn man eine Vergesellschaftung von pflanzlichen Mikroorganismen mit der Fauna des Bodens annimmt. Einzelne solcher Fälle sind auch bereits bekannt geworden. Außerdem besitzt z. B. der Engerling *Potosia cuprea* im Darm zellulosespaltende Bakterien, und ebensolche hat *Penthetria holosericea* (Diptera). Das Resultat aller genannten Vorgänge ist die Mullbildung, also die Entstehung einer milden Humusart. Voraussetzung ist dabei noch das Niederhalten der Pilze. Sie sind zwar reichlich im Boden vorhanden, werden aber durch Tiere — insbesondere Springschwänze — an der Konidienbildung gehindert durch direktes Abweiden der Pilzhyphen, andererseits aber auch durch die Aufnahme der bakteriellen Spaltprodukte (Zucker aus dem Zelluloseabbau), wodurch den Pilzen die Nahrung entzogen wird. Dieses Niederhalten der Pilze ermöglicht seinerseits erst wieder das Vorkommen vieler Hornmilben und anderer Bodentiere, die verpilzte Flächen meiden. Bei vorwiegend pilzlicher Zersetzung kommt es zur Rohhumusbildung. Dabei werden Bakterien und Bodenkleintiere durch Antibiotika gehemmt (WINTER u. WILLEKE, 1952; FRANZ, 1956).

E. Über den Einfluß von Kulturmaßnahmen auf die Bodenfauna

Die Verflechtung des Geschehens im Boden sollte uns vor unüberlegten Eingriffen in dieses Ökosystem warnen. Jede Maßnahme des Menschen kann eine ganze Kettenreaktion nach sich ziehen mit nicht überschaubaren Folgen oder sogar auf Jahre hinaus irreparablen Schäden nicht nur für den Boden und seinen Organismenbestand, sondern rückwirkend auch für den Menschen selbst.

Einen wesentlichen Einfluß auf die Bodenfauna und damit auch auf ihre Leistungen kann der Mensch durch die zur Vorbereitung, Pflege und Ernte der Pflanzenkulturen notwendigen Bearbeitungsmaßnahmen ausüben. Eine dabei eventuell auftretende Schädigung kann die Bodenfauna oder einzelne ihrer Gruppen direkt betreffen oder indirekt über eine Änderung der Biotopeigenschaften, die wiederum den Ausfall bestimmter Biozönoseglieder zur Folge haben kann und damit Ablauf, Richtung und Größe der Streuzersetzung reguliert.

Für viele kleine, zarte Bodentiere hat das Pflügen die Wirkung einer Elementarkatastrophe. Sie werden meist durch direkte mechanische Einwirkung verletzt oder getötet. Collembolen (Springschwänze) leiden durch Umbruch sehr stark, insgesamt gesehen überwinden sie diesen Eingriff aber sehr schnell, und ihre Populationsdichte steigt wieder an. Die euedaphischen Arten werden dabei stärker beeinträchtigt als die hemiedaphischen bzw. epigäischen. Die quantitative Erholung ist auf die durch den Umbruch verbesserten Lebensbedingungen (Porenvolumen, Nahrung) zurückzuführen.

In Abhängigkeit von der Art des benutzten Bearbeitungsgerätes zeigt sich seine Wirkung; sie ist nicht für alle Tiergruppen gleich, und auch die einzelnen Arten können sich verschieden verhalten. Am schonendsten wirkte nach den Untersuchungen Krügers (1952) im allgemeinen die Anwendung des Normalpfluges, am schädlichsten für den Tierbestand die rotierenden Geräte, speziell der Tillmaster; Schälpflug und Fräse liegen in ihrer Schadwirkung dazwischen. Außerdem bestehen auch jahreszeitliche Unterschiede.

Im Frühjahr war die Zerstörung des Bodenlebens am stärksten, weil sich in dieser Zeit die Hauptaktivität in den obersten Schichten abspielt. Die allgemeine Individuenzunahme kompensiert aber relativ schnell im Laufe der Vegetationsperiode den Schaden. Dagegen zeigt ein Pflügen im Herbst geringere Einwirkung aber einen dauerhafteren Schaden. Besonders betroffen werden im Frühjahr Enchytraeiden und Collembolen. Im Herbst bewirkte das Beackern einen allgemeinen Rückgang bei allen Tiergruppen. Die Zerstörungen bei der Makrofauna (besonders Lumbriciden) durch verschiedene Bodenbearbeitungsgeräte konnte Krüger (1952) durch eindrucksvolle Bilder belegen. Über die Reaktion bei Milben liegen keine einheitlichen Befunde vor. Während Krüger in Kartoffelfeldern während der Frühjahrsarbeiten keinen Abfall der Bestandsdichten findet, dafür aber im Herbst eine Schädigung um 50% durch Ernte und Bodenbearbeitung, stellte Baring (1956) an Rübenfeldern sogar einen erheblichen Anstieg der Populationsdichte nach Schälarbeiten (12 cm) fest, was er neben dem Vorhandensein geeigneter Nahrung vor allem auf die dadurch verbesserte Bodendurchlüftung zurückführt. Bei Diplopoden (Doppelfüßern) findet Krüger (1952) eine unterschiedliche Beeinträchtigung bestimmter Arten. Sie werden im allgemeinen durch schnell rotierende und flache Arbeitskörper stark reduziert mit Ausnahme von *Blanijulus guttulatus*. Größere Bodentiere (außer den Regenwürmern) scheinen wenig auf eine Bodenbearbeitung zu reagieren. PRILOP (1957) findet in einem Rübenfeld keinen Zusammenhang zwischen ihr und der Stärke der Carabidenpopulation; KRÜGER (1952) bei Fliegen- und Käferlarven ebenfalls nicht, sondern eher eine Abhängigkeit von der Generationsfolge. Auch Oberflächentiere reagieren wenig auf die Bodenbearbeitung (BONESS, 1958).

Die von den Verhältnissen in Grünlandböden abweichende Tiefenschichtung in Ackerböden ist ebenfalls durch die periodischen Pflegemaßnahmen bedingt; v. BAUDISSIN (1952) fand die Hauptmenge der Bodentiere unterhalb der Schälfurchentiefe. In Ackerböden kann sich auch die Regenwurmfauna nicht stabilisieren. Die erhöhte Aktivität und Vermehrung im Herbst und Frühjahr überwindet aber bald die Schäden der ackerbaulichen Maßnahmen während dieser Zeit. Wenn aber zwischen Räumung der Feldfrüchte und nachfolgender Saat eine längere Pause eintritt, die nicht durch Zwischenfrüchte genutzt wird, so bleibt der Boden eine Zeitlang kahl. Er ist damit den Witterungseinflüssen ausgesetzt, die zu dieser Zeit besonders extrem sein können (HOPP-LINDNER, 1947; zit. nach WILCKE, 1953). Hitze oder Kälte können dann unmittelbar auf den Boden einwirken und den Regenwurmbestand der oberen Schichten nahezu völlig ausrotten.

Bei dichter Pflanzenvegetation zeigt auch die Mahd erhebliche Wirkungen auf die Fauna. Es werden nicht nur die Makrophytenbewohner betroffen, sondern auch die Oberflächenfauna und die edaphischen Arten. In der Regel liegt kein direkter Einfluß vor, sondern durch das plötzliche Fehlen der Pflanzendecke wird das Mikroklima so stark verändert, daß erhebliche Ausfälle eintreten. BONESS (1953) fand auf Wiesen eine der mehrmaligen Mahd entsprechende Periodizität der Populations-

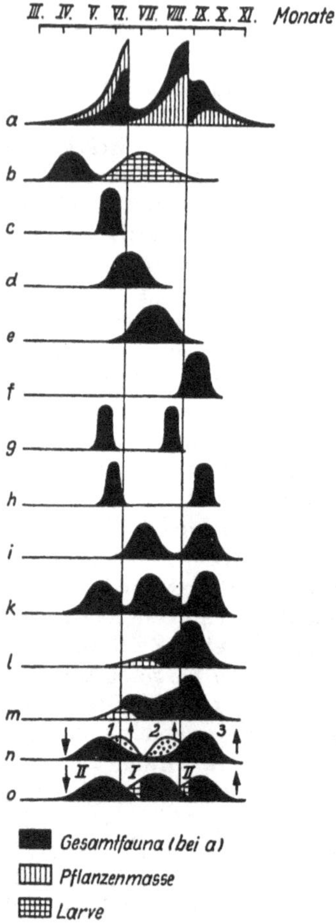

Abb. 36: Das Auftreten von Wiesentieren in der Krautschicht und ihre Einpassung in die Aspektfolge. Durchgehende senkrechte Linien: Mahdtermine. — Die beiden unteren Darstellungen: Arten, die außerhalb der Wiese als Imago überwintern mit 1 bzw. 2 Generationen im Jahr.

a) Gesamtfauna und Pflanzenmasse; b) Die meisten *Dolerus*-Arten; c) *Pachyrrhina maculata*, *Tipula lunata*, Elateridae, *Hepialus*, *Rhagio*, *Dioctria*, *Micropteryx*, *Bibio*; d) *Cantharidae*, *Carabus granulatus*, *Philonthus*; e) *Rivellia*, *Nemotelus*, *Haematopota*, *Crambus*, *Agriotis pronuba*; f) *Tipula paludosa*, *Suillia*; g) *Dilophus*, *Lauxania*; h) *Tipula oleracea*; i) *Cerodonta*, *Leucania*; k) *Oscinella frit*; *l*) *Acridiidae*; m) *Philaenus*, *Neophilaenus*; n) 1. *Meligethes* 2. *Lema* 3. *Sitona*, *Longitarsus*; o) *Stenodema calcaratum*, *Notostira* (I. u. II. Generation) (nach Boness, 1953)

schwankungen. Erfolgt die Mahd regelmäßig zu einem bestimmten Zeitpunkt, so vermögen sich viele Arten der Bodenfauna an die Mahdrhythmik anzupassen (Abb. 36). Überhaupt zeigt sich an Kulturflächen, daß der Rhythmus des Pflanzenwachstums die Fauna zu gleichgerichteten Populationsbewegungen zwingt. – Eine Neuansaat von Grünland auf Ackerfläche ließ sich an der verarmten Milben- und Collembolenpopulation noch nach 18 Jahren nachweisen (Höller und Höller-Land, 1962).

Die Art der Ernte kann auch eine gewisse negative Auswahl der geschädigten Tiere mit sich bringen. So wurde durch die Rübenernte im Herbst von den Collembolenarten praktisch nur *Tullbergia krausbaueri* geschädigt. Sie lebt als euedaphische Art in der Wurzelregion tiefer Bodenschichten und auf sie wirkt die Rübenernte ähnlich dezimierend wie das Ackern.

Die Wirkung einer Düngung auf die Bodenfauna läßt sich gewöhnlich nicht leicht erkennen. Bei Anwendung der gebräuchlichen Gaben zeigen sich wenigstens quantitativ keine groben, auffallenden Veränderungen. Wenn es sich nicht um Ätzwirkungen handelt, dürfte der Einfluß in der Regel ein indirekter sein, nämlich über eine Veränderung der Milieubedingungen (pH-Wert, Nahrungsangebot, verändertes Pflanzenwachstum, bessere Wurzelbildung usw.). Es ist darum nicht verwunderlich, wenn manche Düngerwirkung auf Tiere nicht erkannt wird, weil sie durch die laufenden Kulturmaßnahmen überlagert und verwischt wird. Das erklärt vielleicht z. T. die widersprechenden Literaturangaben zu diesem Problem, obgleich auch ein unterschiedliches Verhalten der betroffenen Tiergruppen mitspielt. Hohe Gaben von Ammonsulfat wirken ungünstig, besonders für die Regenwürmer (Kühnelt, 1950); in schweren, hohlraumarmen Böden wird Ammonsulfat durch Bakterien zu H_2S reduziert, der die Mehrzahl der Bodenorganismen schwer schädigt. Sonst ist eine wesentliche Schädigung der Bodenfauna durch Düngung bisher nicht bekannt geworden, eher scheint eine gewisse Stimulierung und ein Anwachsen der Populationsdichten einzusetzen, z. B. bei Lumbriciden und Collembolen. Untersuchungen an Dauerdüngeranlagen, die sich zur Klärung dieser Fragen besonders eignen, ergaben nach versch. Autoren, daß jede Art von Düngung eine spezifisch biologische Wirkung ausübt. Ein wesentlicher Unterschied besteht zwischen einer Anwendung von organischem (Stallmist) oder anorganischem Dünger. FRANZ (1953) findet in Parzellenversuchen eine Erhöhung der Besatzdichte der terrikolen Kleintiere unter dem Einfluß der Stallmistdüngung sowohl beim Einackern des Mistes, wie bei Oberflächendüngung auf Grünland. Besonders günstig ist durch seine sofortige Wirksamkeit ein gut verotteter Mist, während Frischmist erst nach 11 Monaten seine biologische Wirksamkeit entfaltet (besonders deutlich erkennbar am Nematodenbesatz), zu einem Zeitpunkt also, an dem der Einfluß des verrotteten Mistes bereits abklingt. Die Wirkung einer Düngung mit gut verrottetem Mist dürfte kaum über ein Jahr hinausreichen. Im einzelnen zeigten sich nach FRANZ (1953) verschiedenartige Wirkungen bei der Bodenfauna. Nematoden, Diplopoden und Collembolen werden qualitativ und quantitativ durch Stallmistgaben gefördert; Milben dagegen nicht. Enchytraeiden erfahren allgemein durch verrotteten Stallmist ebenfalls eine eindeutige Förderung; in frischem Mist dagen fehlen sie völlig (FRANZ, 1950). Die unterschiedliche Reaktion der Enchytraeiden und der Einfluß der Düngung auf die Wasserhaltefähigkeit des Bodens (zunehmende Trockenheit im Juni/Juli) sind in Abb. 37 dargestellt. Flüssiger Dünger scheint ihnen nicht zuträglich zu sein (BRETSCHER, 1904). Die beste Allgemeinwirkung zeigte ein mineralischer Volldünger, kombiniert mit organischer Düngung. Mineraldüngung wirkt wesentlich anders. Sie führt zu einer Verminderung der Fadenwürmer, außer bei Kalkung. Die gleichzeitige Förderung der Springschwänze in mineralisch gedüngtem Dauergrünland führt FRANZ (1953) auf den dadurch verbesserten Bodenzustand und den üppiger wachsenden Pflanzenbestand zurück. Der quantitative Collembolenbestand nahm in seinen Vergleichsparzellen auf Grünland in folgender Reihenfolge ab: Stallmist – Volldüngung (Stallmist + NPK) – Mineraldüngung (NPK) – ungedüngte Fläche.

Der Unterschied zwischen Mineraldüngung und Stallmistdüngung besteht vor allem darin, daß letzterer direkt wirken kann, erstens durch die Darbietung geeigneter Nahrung für die Bodenfauna und zum anderen durch das gleichzeitige Einbringen bzw. Impfen des Bodens mit Tieren und pflanzlichen Mikroorganismen. Dagegen kann der Mineraldünger nur indirekt über den Boden und die

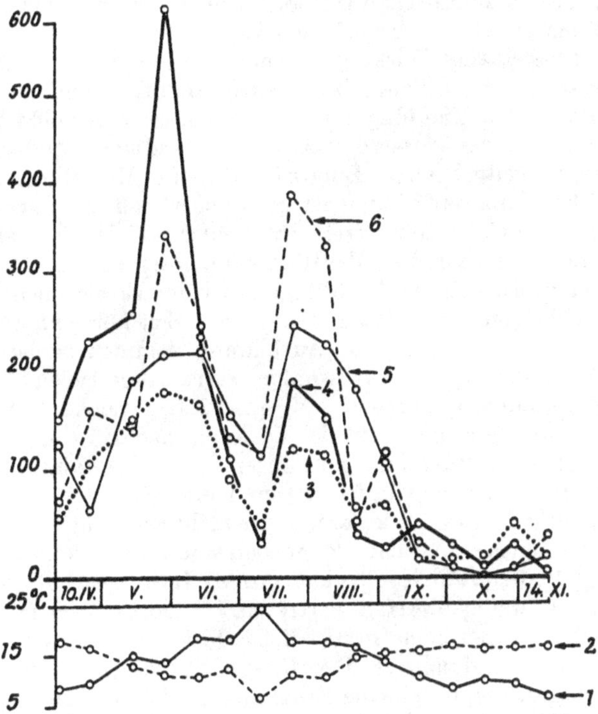

Abb. 37: Veränderungen des Enchytraeidenbesatzes, der Bodentemperatur und des Wassergehaltes in der Zeit von April bis November 1957 in einem Kulturboden (schwach verglcyte Braunerde) (nach SAUERLANDT, 1961) ;

1. Bodentemperatur in 10 cm Tiefe;
2. H_2O Gew.% in 0 – 20 cm Tiefe;
3. ohne organische Düngung;
4. Frischmist alljährlich;
5. Frischmist einmal in 3 Jahren;
6. Mistkompost einmal in 3 Jahren

(3. – 6. = Enchytraeidenbesatz in 1 l Erde)

Pflanze wirken. In eigenen Holzkastenversuchen mit steriler, mineralgedüngter und ungedüngter Erde ging die Wiederbesiedlung mit Collembolen nur zögernd vonstatten; auf den gedüngten Flächen aber schneller als auf den ungedüngten. Die Düngung zeigte auch eine deutliche Stimulationswirkung auf die untersuchte Collembolengattung *Folsomia*. Kalk- und Kalidünger wirkten am stärksten, die Unterschiede waren aber nach zwei Monaten wieder ausgeglichen.

Interessante Wirkungen einer Tiefdüngung mit Stallmist auf Sandböden beschreiben GYURKO und VARGA (1958). Die Tiefdüngung bewirkt eine grundlegende Veränderung des Wasserhaushaltes der Sandböden und stellt einen weitgehenden Eingriff auf seine Mikroflora und Mikrofauna dar. Zunächst zeigte sich, daß die Wirkung einer einzigen Düngerschicht in 50 cm Tiefe viel anhaltender ist, als die Oberflächendüngung mit Stallmist. Bei zweischichtiger Tiefdüngung ist der Erfolg noch viel nachhaltiger, es ist aber eine gewisse Zeit notwendig, um die Düngerwirkung zur Ausbildung kommen zu lassen. Die Mikroorganismen werden stark angereichert, die Mikrofauna qualitativ und quantitativ reicher. Noch nach 4—5 Jahren ist die Wirkung nachzuweisen; die Mikroorganismen sind im ganzen Profil des Sandbodens bis zu einer Tiefe von 60—70 cm in einer Menge vertreten, die ungefähr der Mikroorganismenzahl eines guten humosen Sandes entspricht. Protozoen sind in den tiefgedüngten Bodenprofilen mit einer großen Individuenzahl aber in nur wenigen Arten vertreten. Rädertierchen (Rotatorien) waren noch in 60—62 cm Tiefe nachweisbar.

Durch langjährige Begüllung auf Dauerwiesen und Kleegras ergab sich eine Erhöhung der Populationszahlen bei Nematoden, bei schwächeren Gaben auch bei Collembolen; dagegen waren Milben stark geschädigt. Es trat eine erhebliche Verschiebung ihres Artenspektrums ein, besonders Oribatiden treten zurück. Ingesamt wird die Fauna — auch auf rein ackerbaulich genutzten Flächen — nach intensiver Begüllung individuen- und artenärmer, damit auch weniger leistungsfähig und weniger ausgeglichen. Die Verarmung der Fauna ist nur ein Abbild der in Bodenanalysen festgestellten zunehmenden Verschlämmung des Bodens und des absinkenden Humifizierungsgrades. Diese negativen Wirkungen zeigen sich nicht auf Dauergrünland und Kleegrasflächen, hier schützt die Pflanzendecke und die Durchwurzelung den Boden vor Verschlämmung und ergänzt den Humusvorrat. Ähnliche Erscheinungen treten auch auf bei Verrieselung von Abwässern aus der Kartoffelstärkeerzeugung: Weitgehende Veränderung der Fauna bei Zufuhr großer Flüssigkeitsmengen; die normale humose Zersetzung wird in Richtung Fäulnis verschoben, und es treten Organismen in den Vordergrund, die rasch zersetzbare Stoffe als Aufenthalt bevorzugen. Daneben treten artliche Unterschiede in der Wirkung auf, die durch die Menge der angewandten Flüssigkeit und durch die Höhe der darin enthaltenen organischen Substanz bedingt sind. In vielen Fällen hat sich bei einer Versauerung des Bodens und der damit zusammenhängenden negativen Umschichtung der Organismengesellschaft und des Zersetzungsprozesses in Richtung auf Rohhumusbildung eine einfache Kalkung als billiges und nützliches Mittel zur Verbesserung der Bodenreaktion und der biologischen Aktivierung erwiesen. Bassus (1960) faßt die Wirkung von Kalkdüngungen in Waldböden zusammen und findet:

1. Keine Totalschädigung irgendwelcher Bodentiergruppen.
2. Keine Unterschiede durch Anwendung verschiedener Konzentrationen bzw. verschiedener Sorten des Kalkes.
3. Zunahme der Lumbriciden (Regenwürmer).
4. Keine eindeutige Reaktion der größeren Arthropoden wie Käfer, Tausendfüßer.
5. Unterschiedliche Reaktionen bei Milben. Erfaßbare Populationsverschiebungen traten erst nach mindestens 2 Jahren auf. Es kommt bei längerer Einwirkung zur

Wandlung des Artenspektrums anscheinend besonders bei den Oribatiden, deren ursprüngliches Artenspektrum zugunsten besser angepaßter Arten verändert wird.

6. Keine eindeutige Tendenz bei Collembolen.
7. Bei Nematoden neben einer allgemeinen Zunahme der Populationsdichte eine auffällige Anreicherung mit Bakterienfressern.

Aus diesen Ergebnissen wird gefolgert, daß Zeitdauer und bestimmte ökologische Bedingungen (z. B. Feuchtigkeit) für die Wirkung einer Düngung maßgebend sind und daß der Einfluß nicht unmittelbar, sondern mittelbar über eine Änderung der Nahrungskette abläuft. Bezüglich der Milben kommt Franz (1953) zu ähnlichen Ergebnissen an Stalldüngerparzellen auf Ackerböden: Hornmilben gehen zurück oder fehlen in der Düngerschicht ganz, räuberische Milben (Parasitiformes und Trombidiformes) überwiegen stark. Diese Beobachtung stimmt mit den Angaben anderer Autoren überein, wonach Oribatiden den Stallmist oder Kompost erst nach Ablauf der anaeroben, stürmischen Zersetzungsphase besiedeln.

Für verschiedene Kulturen (z. B. im Obstbau) wird das Mulchen empfohlen. Dabei bleibt die Bodenoberfläche durch Auflagerung von organischem Material zugedeckt. Solche Mulchparzellen sind in der oberen Schicht sehr reich an Regenwürmern, locken oft aber auch Maulwürfe und Mäuse an, die dort geeignete Milieubedingungen und genügend Nahrung (Regenwürmer) finden. Dagegen gehen nach Krüger (1952) die Populationszahlen im Boden der Mulchparzellen zurück, anscheinend, weil die Tiere aus dem Boden in die unterste Schicht der Mulchauflage einwandern. In ähnlicher Weise findet auch eine Verschiebung der Diplopoden zugunsten der oberen Lagen statt, besonders deutlich bei den Polydesmiden. Eigene Untersuchungen in Obstkulturen ergaben in den Mulchparzellen eine starke Anreicherung der untersuchten Collembolen und Coleopteren. Es zeigte sich, daß in diesen Parzellen die Wasserführung des Bodens wesentlich günstiger als in den Vergleichsparzellen ohne Bedeckung verlief. Ursache der erstaunlichen Aktivität in den unteren Lagen der Mulchschicht sind vor allem die günstigen Feuchtigkeitsverhältnisse und das Überangebot an Nahrung sowohl für Erstzersetzer (Springschwänze) als auch für Sekundärkonsumenten (Käfer); andere Arten wiederum nutzen die hier gebotene Versteckmöglichkeit aus.

Die verbreitete Anwendung von Schädlingsbekämpfungsmitteln, aber auch von Unkrautvertilgungsmitteln hat viele Forscher angeregt, auch solche Wirkungen auf die Bodenfauna zu untersuchen.

Es war ja möglich, daß bestimmte Glieder der Bodenfauna dadurch vernichtet würden und damit bodenbiologische Abläufe in unkontrollierter oder gar schädlicher Richtung weiterlaufen. Besonders starke Wirkungen waren von den direkt in den Boden eingearbeiteten Mitteln zu erwarten. Aber auch oberflächlich angewandte Mittel werden durch Regen abgewaschen und in den Boden gespült, wo sie dann zwar abgeschwächt und zeitlich verschoben, aber dennoch deutlich auf die Bodenfauna einwirken.

Ganz allgemein ist die Wirkung eines Mittels von der Art des Giftes, seiner Ausbringung (Spritz- oder Stäubemittel), dem Trägerstoff, der Bestandshöhe des Pflanzenbestandes, den Windverhältnissen, der Witterung, der Bodenbearbeitung usw. abhängig. Mit einer zusätzlichen Beeinflussung ist außerdem bei Verunreinigungen des Mittels oder durch das Lösungs- bzw. Emulsionsmittel zu rechnen. Nach Boness (1958) kommt den Wetterverhältnissen vor, während und nach der Begiftung ein entscheidender Einfluß zu.

Das Einsetzen der ersten Wirkung auf die Fauna ist verschieden. Käfer, Zweiflügler und Hautflügler reagieren in Kleefeldern im allgemeinen prompt (Boness, 1958), relativ spät dagegen, d. h. nach etwa 100 min. erst, die Springschwänze, Milben und Spinnen. In Laborversuchen traten bei dem empfindlichen *Onychiurus armatus* (Collembola) die ersten Schädigungssymptome dagegen bereits nach 15 min. auf (Ehrenhardt und Schneider, 1955). Im allgemeinen scheint die Reaktionstendenz der Springschwänze auf Begiftung so zu sein, daß zunächst eine sehr starke Schädigung erfolgt, die quantitativ nach 5–8 Wochen wieder ausgeglichen ist. Dagegen dauert die qualitative Wiederherstellung mindestens 2½ Monate. Unmittelbar nach der quantitativen Erholung ist mit einem kurzen Stimulationseffekt zu rechnen. Die einzelnen Arten verhalten sich verschieden, einige, wie z. B. *Proisotoma minuta*, scheinen nach eigenen Parzellenversuchen die begifteten Flächen nach dem Abklingen der eigentlichen Giftwirkung zu bevorzugen. Die Toxizität der Mittel ist natürlich abhängig von der Aufwandmenge und steigt bei den Collembolen nach der Art des Mittels in folgender Reihenfolge zunehmender Wirksamkeit an: Chlordan < Aldrin < DDT < HCH < E-Mittel. Bei Flächenbegiftung einer Wiese mit Endrin-Aldrin betrug die Wiesenfauna (Käfer, Zweiflügler, Hautflügler, Schnabelkerfe, Tausendfüßer, Springschwänze etc.) noch nach 4 Wochen nur die Hälfte einer unbegifteten Vergleichswiese (Neuffer, Steiner etc., 1960). Auch Unkrautbekämpfungsmittel können die Bodenfauna dezimieren, z. B. in eigenen Untersuchungen das Herbizid „Hedolit" (Dinitrokresol-DNOC). Dagegen konnte v. Baudissin (1952) durch das wuchsstoffhaltige Unkrautbekämpfungsmittel U 46 (2,4-Dichlorphenoxyessigsaures Natrium) außer einer anfänglichen Toxizität unmittelbar nach der Spritzung keine Schädigung feststellen.

Die Tiefenwirkung der Schädlingsbekämpfungsmittel ist stark vom Boden abhängig, aber auch vom Mittel selbst. v. Baudissin (1952) erhielt besonders in tonigen Böden eine starke Tiefenwirkung, ansteigend in der Reihenfolge Hexa, DDT, E 605. Bei den beiden ersten Gruppen trat eine starke Wirkung bis in 10 cm Tiefe auf, bei E 605 auch noch bis in 20 cm Bodentiefe.

Die Reaktion der Hornmilben auf Gifte ist ebenfalls artlich verschieden. *Tectocepheus velatus* wird fast völlig unterdrückt, dagegen zeigen *Scheloribates latipes* und *Sch. laevigatus* Übervermehrung; vielleicht durch die gleichzeitige Dezimierung ihrer Feinde, der Gamasiden (Raubmilben), die ihren Jugendstadien nachstellen (KARG, 1961).

Bei der Beurteilung der errechneten Wirkung einer Begiftung spielen auch biologische Fragen eine Rolle, z. B. das Räuber-Beute-Verhältnis. SHEALS (1955) stellte eine starke Dezimierung von mesostigmatischen Milben (Gamasiden) nach Bodenbehandlung mit DDT fest, gleichzeitig aber eine Übervermehrung von Collembolen. In Laborversuchen wurden aber diese Collembolen nicht durch DDT beeinflußt. Die Erklärung liegt hier einmal in der unterschiedlichen Empfindlichkeit der untersuchten Gruppen. Außerdem sind Gamasiden Hauptfeinde der edaphischen Collembolen. Die Zunahme der Collembolen war hier also vor allem durch die Abtötung der antagonistischen Raub-Gamasiden entstanden. Eine ähnliche Situation ergab sich nach HCH-Behandlung, die sowohl Gamasiden wie Collembolen schädigte; bei zusätzlichen DDT-Gaben erfolgte aber nach einiger Zeit eine Zunahme der Collembolen.

F. Ausblick

Die Fruchtbarkeit eines Bodens hängt in erster Linie von seinen physikalischen und chemischen Eigenschaften ab. Wir hatten gesehen, daß beide durch die Bodenfauna positiv beeinflußt werden. Dabei ist der in den vorstehenden Kapiteln abgehandelte Stoff nur ein Ausschnitt unseres Wissens um das biologische Geschehen im Boden. Es wurde versucht, besonders die für die Zersetzungsprozesse und damit den Bodenzustand wichtigen Abläufe hervorzuheben. Die Größe dieser Zersetzungsleistung ergibt sich daraus, daß nach KÜHNELT (1950) beispielsweise in Kiefernbeständen jährlich 2800 kg Streu/ha anfallen, die 46,5 kg Mineralstoffe enthalten, in Fichtenbeständen

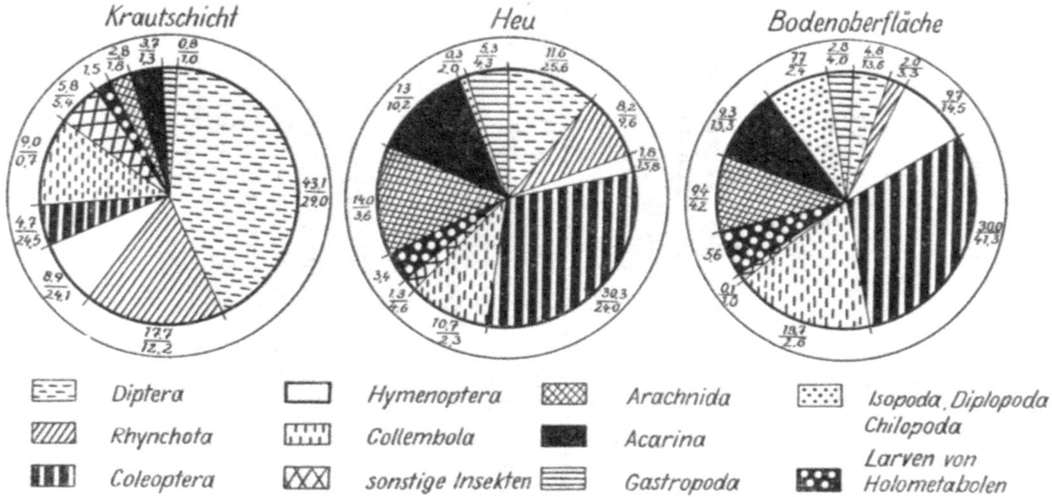

Abb. 38: Quantitative Gliederung der Wiesenfauna in der Krautschicht nach Kätscherfängen, im Heu (ausklopfen) und an der Bodenoberfläche (in Fanggläsern). Angaben im Zähler: Prozentualer Anteil der Gruppe an der Individuenzahl, im Nenner: an der Artenzahl (verändert nach BONESS, 1953)

3000 kg mit 135 kg Mineralstoffen und im Buchenwald 3300 kg Streu mit 185 kg Mineralstoffen. Es sind also sehr beträchtliche Mengen, die von der Bodenfauna umgesetzt werden, und ihre Leistungen sind umso wichtiger, je geringer die Nährstoffreserven eines Bodens sind. Die Fauna ist zusammen mit den pflanzlichen Mikroorganismen in der Lage, die jährlich anfallende Streu zu zersetzen und wieder in den Stoffkreislauf des Bodens einzufügen.

Die für diese Zusammenstellung notwendige Stoffauswahl brachte es mit sich, daß eine Reihe von Tiergruppen nicht abgehandelt werden konnte, obwohl sie z. T. sehr häufig anzutreffen sind und auch eine bodenbiologische Bedeutung besitzen (Abb. 38). Das gilt beispielsweise für Rädertiere, verschiedene nicht genannte Insektengruppen, wie Schrecken, Käfer, Hautflügler, viele Insektenlarven und auch einige Wirbeltiere (Maulwurf, Spitzmäuse, Wühlmäuse, Feldmäuse u. a.). Vielfach sind es freilich Räuber, die keine direkte Zersetzungsarbeit am organischen Bestandsabfall leisten oder phytophage Oberflächenformen. Alle sind aber in irgendeiner Weise als akkumulative Tiere in den Stoffkreislauf der organischen Substanz einbezogen. Manche spielen auch durch ihre Wühltätigkeit eine wichtige Rolle bei der Durchlüftung und Durchmischung des Bodens.

Damit hat sich gezeigt, daß als Voraussetzung für die Fruchtbarkeit eines Bodens neben die physikalischen und chemischen Faktoren ein biologischer tritt. Alle drei Faktoren sind durch mannigfache Beziehungen miteinander verknüpft. Die Erhaltung der Bodenfruchtbarkeit ist also auch an die Erhaltung der Bodenorganismen gebunden, und es ist wichtig, diese Tatsache bei allen Kulturmaßnahmen zu berücksichtigen. Die selbstregulative, stabile Organismengemeinschaft in natürlichen Böden wird durch die Einwirkung des Menschen fremdregulativ und $\pm$ instabil. Eine Folge davon ist das Hervortreten von gewissen Arten, die gerade dann günstige Lebensbedingungen vorfinden, vor allem von Kulturschädlingen.

Diese gehören auch zum Bestand der Biozönose ausgeglichener Böden, aber nur unter den einseitigen Bedingungen des Kulturbodens kommen sie zur Massenvermehrung und werden schädlich. Je mehr der Mensch die Bodenorganismen zurückdrängt, umso mehr muß er ihre Tätigkeit durch eigene Kulturmaßnahmen (Bodenbearbeitung, Düngung, Schädlingsbekämpfung usw.) ersetzen, und umso größer ist die Gefahr einer Fehlentwicklung.

Auf die vielfältigen Beziehungen zwischen den Organismen untereinander konnte hier kaum eingegangen werden. Z. T. ist das deshalb nicht geschehen, weil unsere heutigen Kenntnisse auf diesem Gebiet eigentlich erst einen Anfang darstellen. Wir wissen z. B., daß durch den Weideeintrieb nicht nur der Pflanzenbestand verändert wird, sondern auch durch die Huftritte die Bodendecke verletzt wird und damit Keimstellen für eingewehte Samen geschaffen werden (Kiefer u. a.); aber auch der Boden selbst wird verändert; durch Tritte wird das Porenvolumen verkleinert, verengt und damit auch die Bodenfauna beeinträchtigt (beispielsweise geht die Anzahl der Regenwürmer zurück) — eine ganze Kette von Reaktionen also, die sich an einen Vorgang anschließen. Die ganze Bodenzoologie ist eine solche Verflechtung von ineinandergreifenden Prozessen, die im einzelnen noch intensiver Forschungsarbeit bedürfen.

Ein weiteres Arbeitsfeld, das zur intensiven Bearbeitung drängt, sind die Beziehungen zwischen Fauna und Mikroflora, wobei besonders durch Gemeinschaftsarbeit verschiedener Disziplinen wesentliche Erkenntnisse zu erwarten sind.

Andere noch wenig untersuchte Arbeitsthemen sind z. B. autökologische Untersuchungen, die Möglichkeit der Steigerung und Lenkung der Zersetzungsleistungen durch Impfen mit bestimmten Tieren, die Raumkonkurrenz zwischen den Faunengliedern eines Lückensystems und ihre Folgen. Auf einzelne Probleme wurde bereits in den einzelnen Abschnitten hingewiesen. Ein ganz neues Arbeitsgebiet eröffnet sich den Bodenbiologen aus folgendem Sachverhalt: Mit den Resten pflanzlicher und tierischer Organismen gelangt praktisch jede in der Natur existierende Substanz in den Boden, darunter z. B. Alkaloide, Vitamine, Antibiotika, phenolische Verbindungen u. a. Entgegen der bis vor kurzem in der Agrikulturchemie vertretenen Ansicht, kann die Pflanze diese Stoffe bis zu einem Molgewicht von ca. 1000 über die Wurzeln aufnehmen (WINTER, 1960). Damit wird aber die Frage nach den wirksamen Substanzen in Stallmist, Jauche, Kompost, Abwasser, Klärbeckenschlamm aufgeworfen, nicht nur nach dem Gehalt an Mineralien, sondern nach ihrer ernährungsphysiologischen bzw. pharmakologischen, aber auch bodenbiologischen Seite. Schon VIRTANEN (1934) erkannte, daß die Zusammensetzung der Pflanzen in Abhängigkeit von Art und Menge der organischen Bestandteile des Bodens beträchtlich schwankt. Wenn Tiere nur ungern größere Mengen von Grünfutter oder Gras aufnehmen, das stark mit wenig verrottetem Stallmist gedüngt wurde, so ist das durch solche Stoffwanderungen zu erklären. Das gleiche gilt für den fäkalartigen Geruch beim Kochen von Gemüse aus Rieselfeldern. Die möglichen Rückwirkungen auf die Bodenfauna sind vielfältig. Z. B. werden aus Pflanzenrückständen, insbesondere aus Getreidestoppeln, phytotoxische und antimykotisch wirksame Substanzen in den Boden gewaschen und können die Fauna direkt oder auch auf dem Umweg über eine Veränderung des Artenspektrums der pflanzlichen Bodenorganismen beeinflussen. Bei der Aufnahme resorbierbarer organischer Substanzen durch die Wurzeln können Wachstum, Atmung, Chlorophyllgehalt, Frisch- und Trockengewicht und Morphologie von Blatt und Wurzel verändert werden — alles das beeinflußt aber wieder Menge und Zusammensetzung der Bodenfauna.

Die moderne Düngerwirtschaft tendiert zur arbeitssparenden Vorratsdüngung. Wie aber z. B. eine Flüssigdüngung mit größeren Mengen konzentriertem Stickstoff oder Ammoniak sich bodenbiologisch auswirkt, ist praktisch unbekannt. Ebenso fehlen bodenbiologische Angaben der Versuche mit künstlichen Schaumstoffen mit physikalischen Humuseigenschaften. So findet der Bodenzoologe überall eine Fülle von Problemen, deren Lösung nicht nur unsere Kenntnisse über die Bodentiere bereichert, sondern auch von praktischer Bedeutung ist.

G. Literatur

Es sind nur einige wichtige zusammenfassende Werke angeführt. Die Spezialliteratur ist unübersehbar und weit verstreut. Die Titel der wichtigsten Neuerscheinungen sind in der laufenden Bibliographie der Pedobiologia, Jena enthalten.

BALOGH, J. (1958): Lebensgemeinschaften der Landtiere. – Akademie-Verlag, Berlin.

DRIFT, J. VAN DER (1951): Analysis of the animal community in a beech forest floor. – Tijdschr. Ent. 94, 1–168.

FRANZ, H. (1950): Bodenzoologie als Grundlage der Bodenpflege. – Akademie-Verlag, Berlin.

FRENZEL, G. (1936): Untersuchungen über die Tierwelt des Wiesenbodens. Fischer, Jena.

FÜLLER, H. (1954): Die Regenwürmer. Neue Brehm-Bücherei 140, Ziemsen, Wittenberg.

GEIGER, R. (1961): Das Klima der bodennahen Luftschicht. – Die Wissenschaft Bd. 78, Braunschweig.

HERBKE, G., HÖLLER, G. u. a. (1962): Die Beeinflussung der Bodenfauna durch Düngung. – Parey, Hamburg und Berlin.

JACOB, A. (1953): Der Boden. – Akademie-Verlag, Berlin.

KEVAN, D. (1955): Soil Zoology. – Butterworths, London.

KUBIENA, W. (1948): Entwicklungslehre des Bodens. – Springer, Wien.

KÜHNELT, W. (1950): Bodenbiologie. – Herold, Wien.

TISCHLER, W. (1949): Grundzüge der terrestrischen Tierökologie. – Vieweg & Sohn, Braunschweig.

TISCHLER, W. (1955): Synökologie der Landtiere. – Fischer, Stuttgart.

Sachregister

Zum Inhalt dieses Bandes:

- **Der Boden ist ein belebtes Substrat. Er enthält nicht nur tote Substanzen, sondern auch Lebensgemeinschaften von pflanzlichen und tierischen Organismen. In diese Lebensgemeinschaften greift der Mensch durch Kulturmaßnahmen, Schädlingsbekämpfung usw. ein.**

- **Die Bodenzoologie bemüht sich, die Folgen dieser Eingriffe kennenzulernen, um negative Wirkungen ausschalten zu können; denn für einen optimalen Bodenzustand ist auch ein gesundes Bodenleben notwendig.**

- **Die Bodenzoologie versucht deshalb, unsere Kenntnis von den Bodentieren zu erweitern, Wechselbeziehungen untereinander, zu pflanzlichen Organismen und zum Boden aufzudecken und ihre Rolle bei den im Boden ablaufenden Prozessen zu klären.**

WISSENSCHAFTLICHE TASCHENBÜCHER

FSC
www.fsc.org
MIX
Papier | Fördert
gute Waldnutzung
FSC® C083411

Zeitfracht Medien GmbH
Ferdinand-Jühlke-Straße 7
99095 Erfurt, Deutschland
produktsicherheit@kolibri360.de